시간은 되돌릴 수 있을까

時間は逆戻りするのか
— 宇宙から量子まで、可能性のすべて
高水裕一 著
株式会社 講談社 刊
2020

JIKAN WA GYAKUMODORI SURUNOKA UCHUU KARA RYOUSHI MADE,
KANOUSEI NO SUBETE
by Yuichi TAKAMIZU

• 스티븐 호킹의 마지막 제자에게 듣는 교양 물리학 수업 •

시간은 되돌릴 수 있을까

다카미즈 유이치 지음 | 김정환 옮김 | 김범준 감수

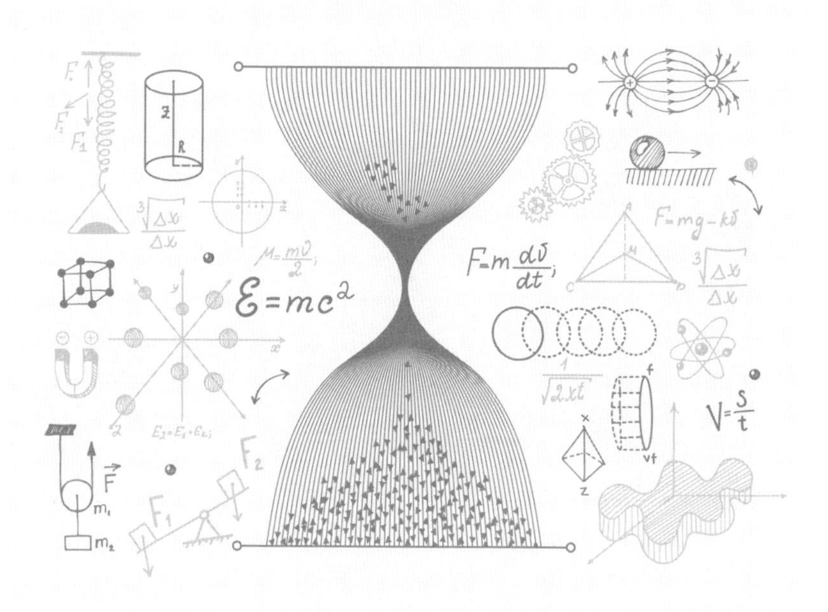

북라이프
booklife

옮긴이 | **김정환**

건국대학교 토목공학과를 졸업하고 일본외국어전문학교 일한통번역과를 수료했다. 현재 번역 에이전시 엔터스코리아에서 출판기획 및 일본어 전문 번역가로 활동하고 있다. 주요 역서로는 《세계사를 바꾼 화학 이야기》, 《무섭지만 재밌어서 밤새 읽는 감염병 이야기》, 《수학은 어떻게 무기가 되는가》 등이 있다.

시간은 되돌릴 수 있을까

1판 1쇄 인쇄 2024년 3월 19일
1판 1쇄 발행 2024년 3월 26일

지은이 | 다카미즈 유이치
옮긴이 | 김정환
발행인 | 홍영태
발행처 | 북라이프
등　록 | 제2011-000096호(2011년 3월 24일)
주　소 | 03991 서울시 마포구 월드컵북로6길 3 이노베이스빌딩 7층
전　화 | (02)338-9449
팩　스 | (02)338-6543
대표메일 | bb@businessbooks.co.kr
홈페이지 | http://www.businessbooks.co.kr
블로그 | http://blog.naver.com/booklife1
페이스북 | thebooklife
ISBN 979-11-91013-61-0 03420

프롤로그

바쁜 일상에서 벗어나 잠시 혼자만의 시간을 보낼 기회가 있었다.

"그때 이렇게 했더라면 어떻게 되었으려나…."

문득 지금까지의 인생을 돌아보다 하지 않았던 일들이 생각났다. 다들 한두 번쯤 이런 적 있지 않은가? 무언가를 하지 않아서 후회하는 것보다 하고 싶은 만큼 해보고 후회하는 편이 인생을 더 풍요롭게 만들 확률이 높다.

그런데 인생의 전환점에서 스스로 판단해 실행했다고 생각한 일이 사실은 그렇지 않다는 말을 듣는다면 어떨 것 같은가? 분명히 내가 결단을 내려 일어난 일인데 사실은 내가 결단을 내린 순간보다 먼저 일어났다면?

우리의 사고思考 깊은 곳에는 과거에 일어난 일이 원인이 되어 현재에 이르고 현재가 아직 결정되지 않은 미래를 만드는, 다시 말해 과거에서 미래로 흐르는 시간의 흐름이 존재한다. 인과응보라는 말도 여기에서 나왔다. 만약 반대로 미래에서 현재, 과거로 흐르는 시간의 흐름이 있다면 어떻게 될까?

예를 들어, 카페에 들어가서 자리에 앉아 주스를 주문하고 점원이 가져 온 주스를 마셨다고 해보자. 시간이 역행하는 세계에서는 어떻게 될까? 먼저 '아아, 맛있다'라는 감각을 느끼고 들고 있던 컵에 주스가 점점 채워진다. 점원이 주스를 들고 가면 주스를 주문하고 일어나 뒷걸음질치며 카페 밖으로 나온다.

이렇게 시간이 거꾸로 흐른다는 말을 듣는다면 웃기지도 않은 헛소리라든가 SF 소설이나 영靈적인 이야기라는 생각이 들 것이다. 놀랍게도 과학의 최전선에는 이런 현상이 실제로 일어나고 있다. 2019년에 러시아, 미국, 스위스 공동 연구팀이 양자 컴퓨터를 이용한 실험에서 시간이 역행하는 현상을 최초로 포착하는 데 성공했다. 또한 이탈리아의 이론물리학자 카를로 로벨리Carlo Rovelli는 시간이라는 개념의 존재 자체를 되묻는 최첨단 물리 이론을 내놓기도 했다.

이 책에서는 이와 같은 화제를 염두에 두면서 '시간이 반대로 진행하는 세계는 존재하는가', '시간이란 무엇인가'를 다뤄 보려 한다. 깔끔하게 결론이 나지 않는 이야기나 과학적으로 실증되지 않은 이야기도 다소 있다. 하지만 최대한 뇌를 혼란하게 하고 고민하면서 시간에 관해 생각해 볼 계기가 된다면 기쁠 것이다.

내 전공은 우주론이다. 우주에서는 상식을 뛰어넘는 일, 상상을 초월하는 일이 당연한 듯 일어나기도 한다.

'인류가 지금 그리고 있는 꿈은 전부 우주 어딘가에서 이미 실현되고 있다.'

우주는 무슨 일이 일어나더라도 이상하지 않을 만큼 가능성이 넘치는 세계다. 그러니 여러분도 지금까지 살면서 당연하다 여겼던 일을 한번 의심해 보길 바란다. '시간은 과거에서 미래를 향해 흐른다'를 포함해서.

오랜 세월 시간은 인류에게 당연한 것이었다. 동시에 시간은 먼 옛날부터 인류에게 가장 정체를 알 수 없는 것 중 하나이기도 했다.

시간은 되돌릴 수 있을까?

이 질문은 신이 우리에게 던진 가장 큰 수수께끼다. 이 수수께끼에 도전하기 위해 함께 생각 여행을 떠나 보자.

다카미즈 유이치

• 차례 •

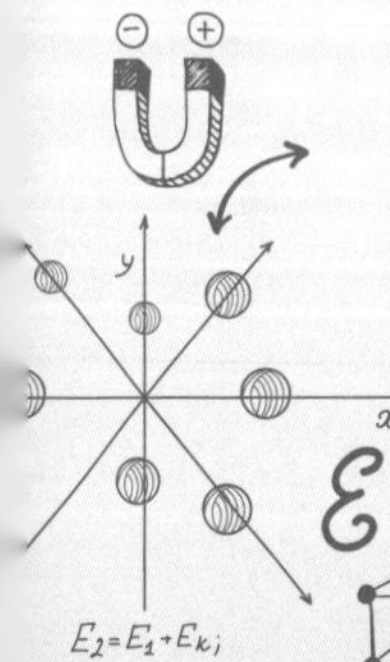

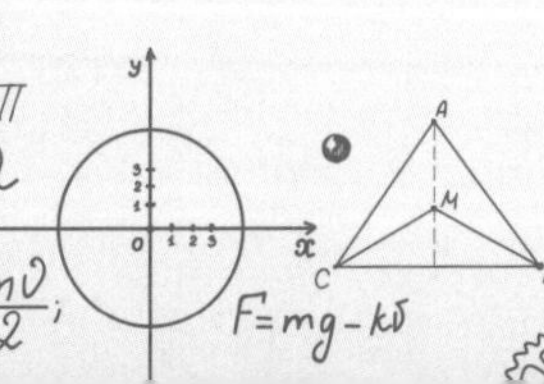

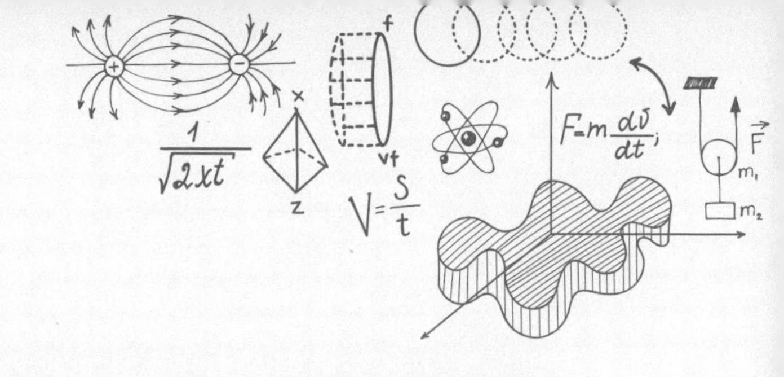

제3장 • 상대성 이론과 시간

제4장 • 양자역학과 시간의 관계

제5장 • 숙적 엔트로피와의 대결

제6장 • 시간은 정말 1차원일까?

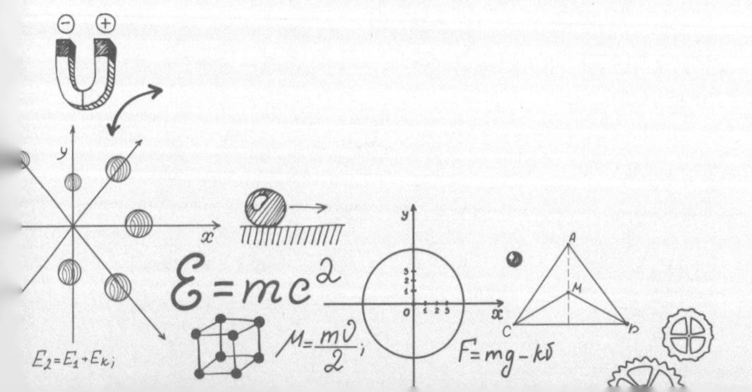

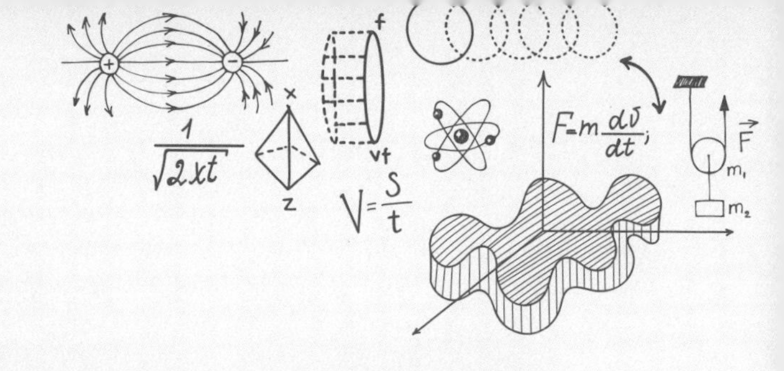

제7장 • 양자중력 이론과 시간

제8장 • 순환 우주의 가능성

제9장 • 시작이 없는 시간을 찾아서

제10장 • 생명의 시간, 인간의 시간

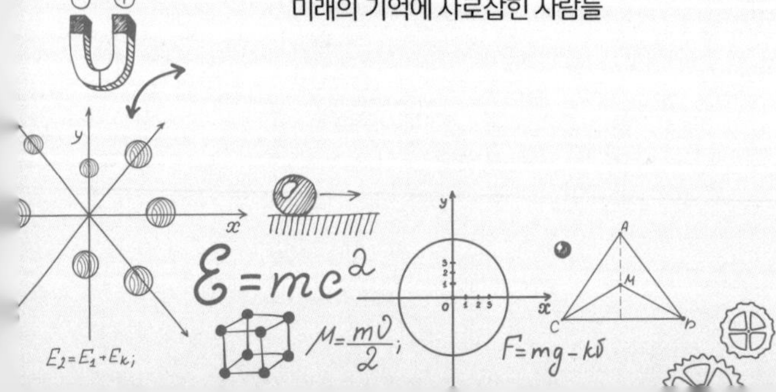

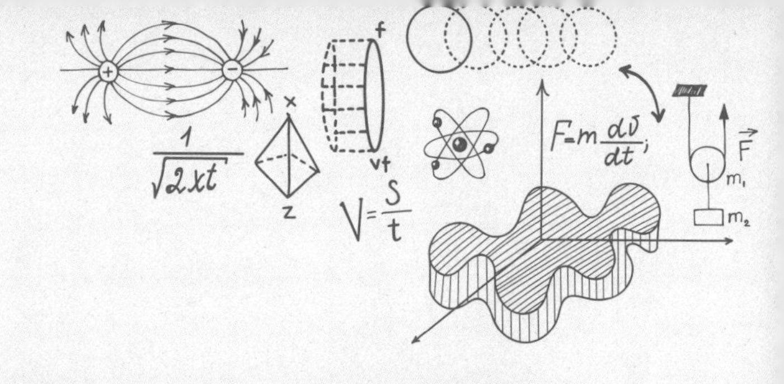

제11장 • 누가 우주를 봤는가

E=mc²
V=S/t
F=mg-kv
F₁
F₂
m₁
m₂

제1장

인류, 시간을 자각하다

아인슈타인과 스티븐 호킹의 공통점

3월 14일이 무슨 날인지 아는가? 아마도 대부분의 사람들은 "그야 당연히 화이트데이잖아?"라고 대답할 것이다. 화이트데이 맞다. 다만 이날은 화이트데이이자 '파이π의 날'이기도 하다. 지금쯤 눈치챈 사람도 있겠지만 원주율이 3.14…로 시작하기 때문이다.

또한 이날은 1879년에 알베르트 아인슈타인이 태어난 날이자 2018년에 스티븐 호킹(이하 호킹 교수)이 세상을 떠난 날이기도 하다. 이런 기이한 우연이 또 있을까? 매년 3월 14일이 되면 나도 모르게 하늘을 올려다보곤 한다. 부족하지만 물리학자로서 내게도 기적이 일어나지 않을까 하는 마음에서다.

나는 호킹 교수가 소장으로 있었던 케임브리지대학교 이론우주론센터에 2013년부터 3년 동안 소속되어 있었다. 호킹 교수의 삶을 가까이에서 바라보고 피부로 느꼈던 시간은 내게 참으로 귀중한 경험이다.

많은 사람이 알고 있듯이 호킹 교수는 ALS(루게릭병)라는 난치병에 걸려서 움직일 수 있는 근육이 제한적인 탓에 기계에 의지하며 활동했다. 다행히 뇌는 근육이 아니어서 병으로부터 자유로웠기에 호킹 교수의 사고 활동은 멈출 줄을 몰랐다. 호킹 교수는 언제나 머릿속에서 광대한 우주를 날아다녔을 것이다. 때때로 순수한 사고와 상상력은 건강한 육체를 가진 사람보다 더 풍부한 자유를 가져다주는지도 모른다.

안타깝게도 호킹 교수는 인류 최초로 블랙홀 사진을 촬영하기(2019년 4월 10일) 전에 열정으로 가득했던 삶을 마감했다. 아인슈타인의 후계자를 자임했던 호킹 교수가 아인슈타인의 방정식이 이끌어낸 블랙홀을 생전에 봤다면 얼마나 흥분하고 기뻐했을지.

우주론에서 말하는 별은 'star'로, 스스로 빛나는 것을 의미한다. 우주에는 인류가 감히 상상하지 못할 일들이 넘쳐난다. 아인슈타인과 호킹 교수는 자신의 힘으로 우주의 경이로운 비밀을 찾아내 스스로 빛나는 별이 되었다(그림1–1). 그리고 나도 언젠가는 그들처럼 내 힘으로 우주의 놀라움, 우주의 신비를 찾아내 세상에 소개하는

그림1-1 알베르트 아인슈타인(위)과 스티븐 호킹(아래)

빛나는 존재가 되고 싶다.

내게는 조금 엉뚱한 꿈이 있다. 대형 뮤지션들이 콘서트를 하는 큰 경기장에서 우주에 관한 강연회를 개최하고 싶다. 경기장을 가득 메운 관객들은 내가 상식을 초월하는 우주 이야기를 하나둘 풀어놓을 때마다 열광하고, 강연회가 끝나면 기립 박수를 친다. 그리고 울려 퍼지는 앙코르 함성!

"좋습니다! 슬라이드를 하나 더 보여 드리죠!"

내가 이렇게 외치면 관객들은 일제히 환호성을 지른다.

물론 절대 불가능한 꿈이라는 걸 내가 더 잘 안다. 한편 이런 생각도 든다. 고대부터 인류는 우주에 관해 알고 싶어 했다. 이는 틀림없이 인류의 근원적 욕구일 것이다. 그렇다면 꼭 대형 경기장이 아니더라도 언젠가 많은 사람이 모여서 우주에 관한 이야기를 들으며 열광하는 날이 온다 한들 이상한 일은 아니지 않을까? 실제로 아인슈타인과 호킹 교수는 나를 가장 열광시키는 록스타다.

우주뿐만 아니라 시간도 인류의 근원적 지적 욕구를 자극하는 듯하다. 나의 두 스타는 시간에 관해서도 기존 상식을 뒤엎는 발상을 해냈다. 이에 관한 자세한 이야기는 뒤에서 소개할 테니 잠시만 기다려 주길 바란다. 먼저 고대부터 인류가 시간을 어떻게 파악해 왔는지 살펴보자.

모든 것은 달력에서 시작되었다

먼 옛날, 숲속 나무 위에서 생활하던 인류는 부득이한 사정으로 나무에서 내려와 평야로 나갔다. 지상에서 살아남기 위해 사냥을 하고 농사를 짓는 등 자연과 치열하게 싸우다 보니 상당히 이른 시기부터 자연과 바깥 세계에 관해 저건 뭘까? 하며 관심을 가진 듯하다.

바깥 세계에 대한 관심은 우주로 확장되었다. 그리고 각 공동체별로 우주를 바라보는 관점과 생각이 확립되었다. 세계 4대 문명에 저마다 특징적인 우주관이 존재했다는 사실은 이를 잘 말해 준다. 가령 고대 이집트에는 "대지를 지배하는 신 게브와 그의 쌍둥이 누이인 누트가 서로를 지극히 사랑했는데 이를 질투한 다른 신들이 둘을 억지로 떨어트리는 바람에 누트는 하늘을 관장하는 여신이 되었다."라는 신화가 있다. 고대 이집트 사람들은 우주의 별들이 모두 누트의 몸에 붙어 있다고 생각했다(그림1-2).

우주를 바라보는 관점은 지역에 따라 다양하다. 하지만 한 가지 공통점이 있다. 우주가 신과 관계가 있다고 생각한다는 점이다. 그중에서도 그리스 신화가 가장 유명하다. 신화는 사람들에게 사회 규범을 가르치는 역할도 했는데 이때 우주의 신비성을 이용했을 것이다.

어쨌든 우주를 주목하고 천체 움직임에 관심을 갖게 된 인류는 아주 중요한 것을 하나 손에 넣었다. 바로 달력이다. 인류 최초로 달

그림1-2 고대 이집트 신화 그림

온몸에 별무늬가 새겨져 있는 하늘의 여신 누트가 세상을 덮고 있다.

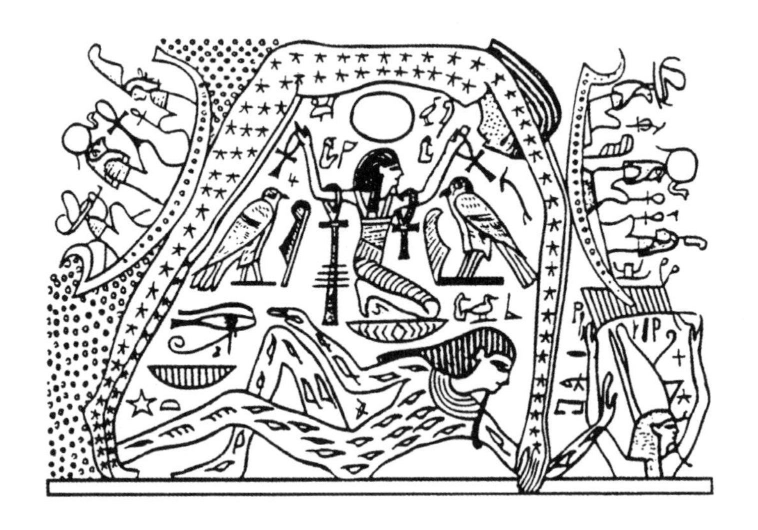

력을 발명한 곳은 수메르로 추측된다. 수메르는 기원전 3500년경에 페르시아만 연안, 오늘날로 치면 쿠웨이트와 이라크 부근에서 번영을 누린 세계에서 가장 오래된 도시 문명지다. 초기 메소포타미아 문명이라 여겨지고 있다. 그곳에서 사용한 달력을 '바빌로니아력'이라고 부른다. 달이 차고 기우는 주기를 기본으로 만든 29.5일 달력(태음력)이다.

그러나 이를 기준으로 하면 1년=354일이 되어 실제 계절과 달력에 괴리가 발생한다. 이를 보완하기 위해 태양의 움직임을 반영한 달력을 만들었다. 바로 '태음태양력'이다. 태음태양력은 오늘날 음력이라고 부르는 달력으로, 전 세계에서 오랜 기간 사용되었다.

고대 수메르인의 지식을 기반으로 만든 바빌로니아력이 무려 6,000년이라는 세월에 걸쳐 사용되었다는 사실에 놀라움을 감출 수가 없다. 그 외에도 수메르인은 원의 한 바퀴가 360도라는 사실을 알고 있었다. 또한 별자리도 고안했다. 별자리 점에서 나오는 황도 12궁 가운데 게자리, 궁수자리, 천칭자리를 제외한 아홉 별자리는 현재 모습과 거의 일치한다. 내가 좋아하는 미국 방송 프로그램 〈고대의 외계인〉Ancient Aliens에서 '수메르인은 외계인이었다!'라는 설을 내놓기도 했다. 그만큼 수메르인의 우주에 관한 지식과 통찰력은 인류 역사 속에서 굉장히 뛰어났다.

달력의 시간 단위인 연, 월, 일은 이윽고 60진법을 이용한 시, 분, 초로 더욱 세분화됐다. 혹시 달력의 최소 단위인 '초'의 가장 오래된 정의가 무엇인지 아는가? 바로 심장 박동의 길이다. 다만 당시에 초를 측정하는 비교적 정확한 방법은 팔 길이 정도(대략 1미터)의 막대를 진자처럼 흔드는 것이었다. 한쪽 끝에서 반대쪽 끝까지 움직이는 시간이 거의 1초다.

현재 국제단위로 사용하는 초는 세슘Cs을 이용한 원자시계를 근거로 정의한 것이다(원자시계에는 세슘-133이라는 세슘의 동위원소를 사용한다.—옮긴이). 가까운 미래에는 레이저 광선을 이용한 '광격자

시계'가 초를 정의하는 역할을 이어받을 것이다. 더욱 먼 미래에는 '펄서'pulsar라는 천체가 이어받을 가능성도 있다. 광격자 시계의 오차는 100억 년에 1초이며, 펄서의 오차는 원리적으로 100억 년에 0.001초다. 정확도의 자릿수가 다르다. 어느 별에는 이미 펄서로 정의한 초를 사용하는 외계인이 살고 있을지도 모른다.

요일은 어떻게 만들었을까?

달력 이야기를 마치기 전에 '요일'이 어떻게 탄생했는지 살펴보자.

일주일은 일곱 천체인 태양, 달, 수성, 금성, 화성, 목성, 토성에서 유래했다. 수메르인들은 하루 24시간에 일곱 천체를 순서대로 배치한 뒤 '하루의 첫 한 시간을 지배하는 천체를 그날을 대표하는 요일로 삼는다'라는 규칙을 정했다. 이는 그림으로 확인하는 편이 훨씬 이해하기 쉬울 것이다(그림1-3).

먼저 지구로부터 멀리 떨어져 있다고 생각한 천체부터 순서대로 나열한다. 토성(토), 목성(목), 화성(화), 태양(일), 금성(금), 수성(수), 달(월)이다. 이를 24시간에 순서대로 대입한다. 그러면 첫째 날, 첫 한 시간을 지배하는 천체가 토성이므로 토요일이 된다.

하루 24시간에 일곱 천체를 세 번씩 배치하면 세 시간이 남으니 토성, 목성, 화성을 한 번 더 배치한다. 그러면 둘째 날의 첫 한 시간

그림1-3 수메르인이 요일을 결정한 방법

하루의 첫 한 시간을 지배하는 별이 그날의 요일이 되었다.

날 →

시간 ↓	1	2	3	4	5	6	7	
1	**토**	**일**	**월**	**화**	**수**	**목**	**금**	← 요일
2	목	금	토	일	월	화	수	
3	화	수	목	금	토	일	월	
4	일	월	화	수	목	금	토	
5	금	토	일	월	화	수	목	
6	수	목	금	토	일	월	화	
7	월	화	수	목	금	토	일	
8	토	일	월	화	수	목	금	
9	목	금	토	일	월	화	수	
10	화	수	목	금	토	일	월	
11	일	월	화	수	목	금	토	
12	금	토	일	월	화	수	목	
13	수	목	금	토	일	월	화	
14	월	화	수	목	금	토	일	
15	토	일	월	화	수	목	금	
16	목	금	토	일	월	화	수	
17	화	수	목	금	토	일	월	
18	일	월	화	수	목	금	토	
19	금	토	일	월	화	수	목	
20	수	목	금	토	일	월	화	
21	월	화	수	목	금	토	일	
22	토	일	월	화	수	목	금	
23	목	금	토	일	월	화	수	
24	화	수	목	금	토	일	월	

을 지배하는 천체는 화성 다음에 있는 태양이므로 일요일이다. 같은 방식으로 계속 배치하면 셋째 날의 첫 한 시간을 지배하는 천체는 달이므로 월요일… 이런 식으로 요일을 결정한다.

이렇게 해서 오늘날 사용하는 달력의 요일 순서가 완성되었다. 다만 토요일이 일주일의 시작이었는데 바뀐 이유는 알 수 없다.

참고로 일본에서는 일주일의 시작을 일요일로 생각하는 사람이 많고, 프랑스의 달력은 월요일부터 시작한다. 이슬람권에서는 지금도 토요일을 일주일의 시작으로 여긴다.

시간이란 대체 무엇인가?

시간을 천체 운동에 따른 달력의 일부로 인식하던 인류가 시간이란 무엇인지 의문을 갖기 시작한 시기는 지금으로부터 약 2,500년 전으로 생각된다.

기원전 4세기, 위대한 철학자이자 과학자였던 아리스토텔레스는 자신의 저서 《자연학》에서 시간에 관해 이렇게 말했다.

"시간은 앞과 뒤(선후)에 관련된 변화 혹은 운동의 개수다."

아리스토텔레스는 시간을 운동 변화의 척도로 파악했다. 어떤 실체가 있지 않고 물체의 운동을 통해 비로소 존재가 인정되는, 말하자면 운동 자체가 아니라 운동을 나타내는 지표로 이해한 것이다.

이러한 아리스토텔레스의 생각에서는 운동이 발생하지 않으면 시간이 존재하지 않으므로, 만약 모든 물체가 진공 상태에서 계속 정지해 있다면 시간은 존재하지 않는 셈이 된다. 그러나 현재는 물질이 전부 원자와 소립자로 구성되어 있어 끊임없이 열운동을 하고 있다는 사실이 밝혀졌다. 그런 의미에서 생각하면 완전히 정지한 상태의 물질은 존재하지 않는다.

그런데 아리스토텔레스가 등장하기 100년 정도 전에 이미 그리스 철학자 제논이 다음과 같은 비유를 사용해 운동과 시간의 관계에 관한 주목할 만한 고찰을 한 바 있다.

"발이 빠른 아킬레우스와 발이 아주 느린 거북이가 달리기 경주를 하게 되었다. 아킬레우스는 발이 빠르므로 거북보다 상당히 뒤쪽에서 출발하기로 했다. 둘의 달리기 실력을 생각하면 그 정도의 불리함은 없는 것이나 다름없다. 그런데 달리기가 시작되자 아킬레우스는 아무리 열심히 뛰어도 거북을 추월할 수 없었다!"

제논은 이렇게 주장했는데 이유는 다음과 같다(그림1-4). 아킬레우스가 일정 시간만큼 앞으로 나아갔을 때, 같은 시간 동안 거북도 속도는 느리지만 반드시 앞으로 나아간다. 앞으로 나아간 거리는 절대 제로가 아니다. 그리고 아킬레우스가 거북이 있었던 지점에 도착했을 때, 거북도 아주 조금이지만 그보다 앞으로 나아간다. 설령 아주 짧은 순간이라 해도 아킬레우스가 앞으로 나아가면 거북 또한 반

그림1-4 아킬레우스와 거북의 역설

아킬레우스가 거북이 있던 위치에 도착하면 거북은 아주 조금이지만 반드시 그보다 앞으로 나아가 있으므로 아킬레우스는 영원히 거북을 추월할 수 없다?!

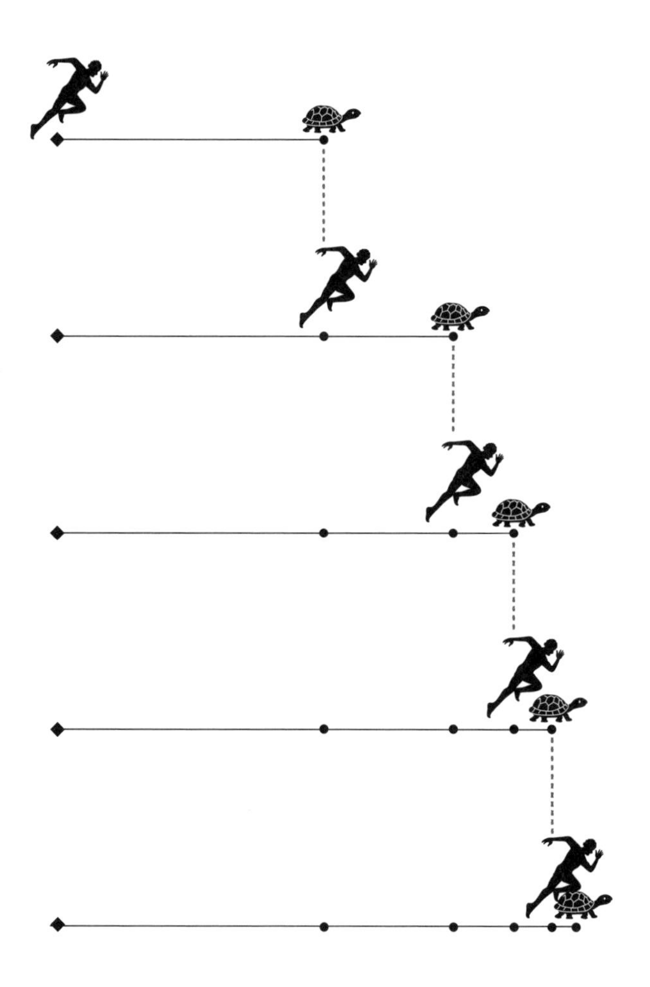

드시 앞으로 나아간다. 따라서 두 사람의 거리는 분명 줄어들기는 하지만 제로가 되는 일은 영원히 없다. 이것이 그 유명한 '아킬레우스와 거북의 역설'이다.

이 역설은 매우 유명해서 이미 알고 있는 독자도 많을 것이다. 현실에서는 아킬레우스가 거북을 쉽게 추월하므로 제논의 논리에는 어딘가 잘못된 부분이 존재한다. 여러분이라면 어떻게 반론하겠는가? 막상 생각해 보면 의외로 반론하기가 어려울 것이다. 사실 제논의 논리는 상당히 심오한 문제다.

한 가지 힌트를 주겠다. 반론의 열쇠는 '시간을 무한히 나눌 수 있는가?'라는 질문이다. 즉, 시간이 무한한 '점'으로 구성되어 있느냐 그렇지 않으냐가 논점이다. 이에 대한 답이 Yes인가 No인가에 따라 제논을 논파할 수 있느냐 없느냐가 결정된다. 그렇다면 어느 쪽이 답이어야 할까?

물론 제논도 진심으로 아킬레우스가 거북을 추월할 수 없다고 생각하지는 않았다. 제논은 당시의 지식인들과 논쟁을 하고 싶었던 것 같은데, 시간은 운동의 지표라고 생각하던 아리스토텔레스에게도 날카로운 질문을 던진 듯하다. 아리스토텔레스는 《자연학》에서 이 역설에 관해 반론을 시도했다. 논파에 성공했는지 여부는 의견이 엇갈리는 모양이다.

이 문제는 '무한이란 무엇인가?', '시간이란 무엇인가?'라는 매우 심오한 주제로도 이어지기 때문에 지금은 여기까지만 이야기하고 뒤에서 다시 다루도록 하겠다. 그때까지 여러분도 어떻게 해야 제논의 역설을 논파할 수 있을지 생각해 보기 바란다.

시간에는 여러 가지 개념이 있다

지금까지 인류가 시간이라는 존재를 자각하기까지의 과정을 간략하게 살펴봤다. 다음 장부터는 선인들의 연구 성과를 바탕으로 시간의 정체에 관해 본격적으로 다룰 예정이다. 이에 앞서 이 책에서 생각해 보려고 하는 시간이란 무엇인지를 정리하고 넘어가도록 하겠다.

사실 시간에는 여러 가지 개념이 있다.

(1) 물리학에서의 시간
(2) 인지과학에서의 시간
(3) 생물학에서의 시간
(4) 심리학에서의 시간

그 밖에 철학에서의 시간도 있다. 하지만 이는 재현성을 요구하는 과학의 영역을 넘어선 이야기가 될 수 있어 여기서는 다루지 않겠다.

나의 지식 범위상 (1)을 중심으로 이야기하되 (2), (3), (4)에 관해서도 전문가는 아니지만 고찰해 볼 생각이다. 시간이란 무엇인가를 거시적으로 고찰하기 위해서는 그럴 필요가 있다고 생각한다.

이 책이 도전하려는 '시간은 되돌릴 수 있을까?'라는 질문은 명확한 답을 내기 어려운 주제다. 아무래도 주관적으로 설명해야 하는 경우도 있고, 전문 분야가 아닌 부분에 대해 개인적인 의견을 이야기하는 상황도 있을지 모른다. 가능하면 여러분은 무엇이 정답인지를 찾는 데 집착하지 말고 이 질문에 관해 생각해 보면서 이전까지 상상하지 못했던 세계가 펼쳐지는 순간을 즐기길 바란다.

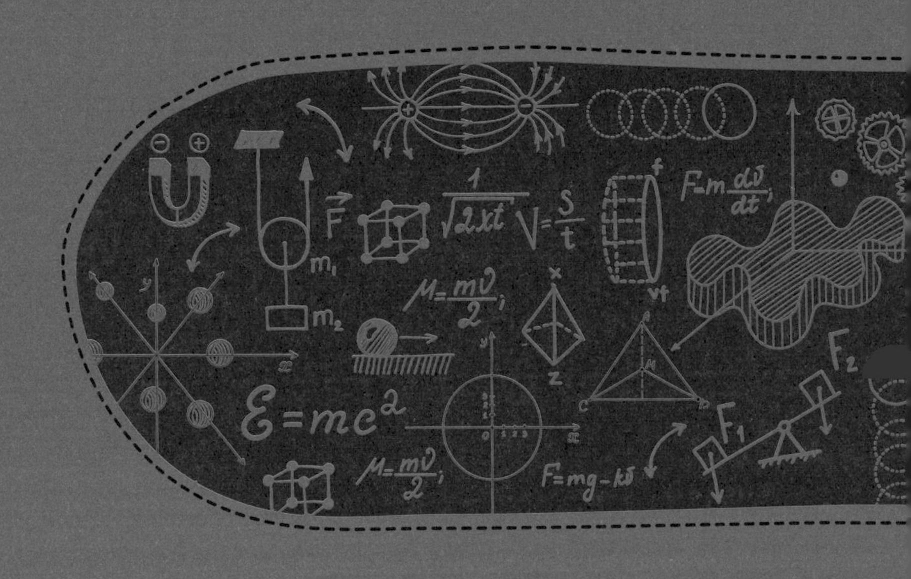

$\vec{F}$
m_1
m_2
$\frac{1}{\sqrt{2xt}}$
$V=\frac{S}{t}$
$F=m\frac{dv}{dt}$;
$E=mc^2$
$F=mg-kv$
F_1
F_2

제2장

시간의 정체를 밝히다

이 장에서는 사람들이 시간을 어떻게 생각해 왔는지를 물리학의 관점에서 살펴본다. 어째서인지 모르겠지만 자연과학에서는 시간을 물리학의 주제로 생각해 왔다.

물리학이란 '사물'物의 '이치'理를 다루는 학문이다. 그래서 옛날부터 수많은 물리학자들은 눈에 보이지 않고 실체가 있는지 없는지 알 수 없는 시간에 어떻게 접근해야 할지 고민해 왔다. 그러다 막연하기 이를 데 없는 시간에 어떻게든 접근하기 위한 세 가지 단서를 생각해 냈다. 바로 방향, 차원 수, 크기다. 이 세 가지 관점에서 살펴보면 시간에는 다른 물리적 연구 대상과 전혀 다른 특징이 있음을 알 수 있다.

방향: 시간의 화살은 불가역적이다

많은 물리학자가 시간은 흐름을 가지고 있으며 이 방향 저 방향으로 적당히 향하는 것이 아니라 항상 일정한 방향으로 흐른다고 생각했다. 그리고 시간의 흐름은 한쪽 방향에서 다른 쪽 방향으로 나아갈 뿐 반대는 있을 수 없다, 즉 불가역적이라고 생각했다. 시간의 방향에 관한 이런 견해를 표현하는 말이 '시간의 화살'이다.

시간의 화살이라는 개념이 생긴 시기는 비교적 최근이다. 20세기 초에 영국의 천문학자 아서 에딩턴Arthur Eddington이 자신의 저서《물리적 세계의 본질》The Nature of the Physical World에서 최초로 사용했다. 에딩턴은 시간은 우주가 시작되었을 때부터 줄곧 유일한 방향, 과거에서 미래로만 흘렀다고 주장했다. 시간은 마치 일직선으로 날아가는 화살과도 같아서 결코 되돌릴 수 없기에 시간의 화살이라 이름 지은 것이다.

다만 이 표현을 사용하지 않았더라도 먼 옛날부터 시간이 한 방향으로 흐른다는 생각은 존재했다. 여러분 또한 누군가가 가르쳐 주지 않았더라도 그렇게 느끼고 있었을 것이다. 예를 들어 조용한 연못에 돌멩이를 던졌다고 상상해 보자. 물결이 주위로 퍼져 나가는 모습이 떠오를 것이다. 이를 통해 시간이 흐르고 있음을 느낄 수 있다. 물결은 바깥쪽을 향해 나아갈 뿐 무엇인가에 부딪쳐 반사되지 않는 이상 절대 안쪽을 향하지 않는다. 인간은 여기에서 시간 흐름의 불가역성을 발견해 왔으며, 이를 '물결의 시간의 화살'이라고도 부른다.

최근 연구에서는 우주가 '빅뱅'이라고 부르는 고에너지 상태에서 시작되어 현재에 이르러서도 계속 팽창하고 있다는 사실이 밝혀졌다. 우주는 수축하지 않고 팽창하는 방향으로만 나아가고 있는 것이다. 이 또한 돌멩이가 만드는 물결의 비유와 유사해 시간의 화살을 떠올리게 한다. 어쩌면 시간의 불가역성은 우주가 생겼을 때부터 근원적인 층위에서 결정되어 있었던 것인지도 모른다. 이처럼 우주 규모로 생각하는 시간의 화살을 '우주적 시간의 화살'이라고도 부른다.

이는 모두 물리적 현상이다. 하지만 시간이 흐르는 방향이 불가역적이라고 느끼게 하는 예는 그 밖에도 많다. 가령 풀과 나무가 싹을 틔우고, 줄기가 자라고, 꽃을 피워서 열매를 맺고, 시드는 모습은 우리에게 생生에서 사死로 흘러가는 시간의 흐름을 느끼게 한다. 시간이 반대로 흐르는 모습은 상상하기 어렵다. 이는 '생물학적 시간의 화살'이라고 할 수 있을 것이다.

또한 인류를 비롯해 어느 정도 지성을 갖춘 생물은 뇌에 장기적 기억 장치를 갖추고 있다. 그래서 "과거에 그 일을 한 덕분에 지금 좋은 일이 있었어(먹을 것을 구할 수 있었다든가, 멋진 이성을 만났다든가). 그러니 미래에 그 일을 또 하자."라는 일련의 흐름과도 같은 기억을 가질 수 있다. 이를 학습이라고도 하는데, 생물은 이렇게 해서 환경에 적응하며 진화해 왔다. 그런데 만약 미래의 사건이 먼저 있고, 그다음에 현재가 되며, 나아가 과거로 시간이 흐른다면 우리는 어떤 행동을 해야 할지 몰라 혼란에 빠질 것이다. 이런 시간의 흐름은 '인지학적 시간의 화살'이라고 할 수 있지 않을까?

이처럼 다양한 예를 보더라도 시간의 흐름은 분명히 불가역적이며, 시간의 화살이라는 말은 시간의 본질적 성질을 잘 표현했다는 생각이 든다.

차원 수: 시간은 왜 1차원인가?

두 번째 단서인 '차원 수'次元數는 물리학에서 말하는 차원의 수를 의미한다. 여러분도 알고 있듯이 하나의 직선만 존재하는 세계는 1차원, 가로와 세로가 있는 평면 세계는 2차원, 우리가 살고 있는 공간은 가로, 세로, 높이가 있는 입체 세계이므로 3차원이다. 그렇다면 시간은 몇 차원일까? 물리학에서 말하는 차원 수로는 1, 즉 1차원으로 생각되고 있다. 하나의 직선만으로 구성된 세계라는 말이다. 여기에 방향을 가미하면 시간은 직선 위를 일방통행으로만 나아갈 수 있으며 뒤로 돌아가지 못한다.

시간이 1차원이라는 말을 듣고 여러분은 어떤 생각을 했는가? 아마도 별다른 위화감 없이 '뭐 그렇겠지'라고 생각했을 것이다. 그러나 곰곰이 생각해 보면 상당히 신기한 일이다. 공간은 3차원이기 때문이다. 뒤에서 다시 이야기하겠지만 시간과 공간은 분리할 수 없는 불가분의 관계, 즉 한 몸과도 같다. 오랫동안 함께 살아 온 부부, 고락을 함께해 온 파트너보다 훨씬 강하게 결속되어 있다.

게다가 시간과 공간은 상하 관계가 아니라 대등한 관계다. 이러한 개념은 아인슈타인이 만들어 냈으며 우리가 사는 이 세계의 모습을 훌륭히 설명해 주는 상대성 이론의 근간을 이루는 사고방식이기도 하다. 그래서 우리가 사는 세상을 시간과 공간을 합쳐 '시공간'이라고 부른다.

그렇다면 공간이 3차원이므로 시간도 3차원인 편이 훨씬 단순명쾌하며 당연한 모습이 아닐까? 왜 자연계는 시간을 1차원으로 만드는 자연스럽지 못한 일을 했을까? 이는 시간에 관한 근원적 의문 중 하나이기에 뒤에서 생각해 보려 한다. 예고편으로 아주 조금만 이야기하자면, 만약 시간이 2차원이었다면 우리는 타임머신을 쉽게 만들었을 것이다. 자세한 이야기는 제6장에서 하겠다.

크기: 일정하지 않다

시간에 관해 생각하기 위한 세 번째 단서는 '크기'다. 이렇게 말하면 "시간에 크기가 있다고?" 하며 당황할지도 모르겠다. 분명히 시간에 형태가 있다고는 생각할 수 없다. 형태가 없는 것에 크기가 있다고도 생각할 수 없다. 게다가 시간은 항상 일정한 속도로 나아가는 절대적인 것이므로 크다든가 작다든가 하는 상대적인 크기가 있어서는 안 될 것 같다는 생각도 든다.

이런 생각들은 전부 시간에 관한 잘못된 선입견이다. 안타깝게도 대부분의 사람들은 그렇게 믿고 있는 듯하다.

앞에서 시간과 공간은 한 몸이라는 이야기를 했는데, 상대성 이론에서는 공간이 물체의 운동에 따라 늘어나거나 줄어든다. 크기가 변하는 것이다. 그래서 시간도 크기가 변한다. 진행 속도가 빨라지기도 하고 느려지기도 한다. 다시 말해 공간도 시간도 절대적이지 않으며 상대적이다. 아인슈타인은 이런 엄청난 주장을 해서 인류의 자연관을 밑바닥부터 뒤엎어 버렸다. 다시 한번 말하지만 100년도 더 지난 일이다. 상대성 이론과 시간에 관해서는 제3장에서 자세히 이야기하겠다.

시간의 크기에 최소 단위가 있냐는 논점도 존재한다. 이 논점에는 제1장의 아킬레우스와 거북의 역설에서 예고한 '시간은 무한히 작게 나눌 수 있는가?'라는 심오한 주제도 포함되어 있어서 역시 뒤에서 따로 풀어낼 생각이니 기다려 주기 바란다.

시간은 기분 나쁘다?

자연계는 온갖 것을 치우침 없이 균형 있게 배분하려는 성질이 있다. 예를 들어 자석에는 S극과 N극이 있고, 생물에게는 암컷과 수컷이 있으며, 이 세상이 처음 생겼을 때는 입자와 반反입자가 있었다고 생각된다. 이런 성질을 '대칭성'이라고도 부르는데, 자연과 우주 여기저기에서 발견된다. 우리가 '아름답다'라고 느끼는 것 중에는 좌우 대칭이 많다. 이 또한 우리가 자연계의 일원이기 때문일 것이다.

그렇다면 시간은 어떨까? 과거에서 미래를 향해 한 방향으로만 나아가는 시간의 화살이라는 성질은 대칭성과는 완전히 정반대다. 시간에도 대칭성이 있다면 미래에서 과거로 나아가는 시간도 있어야 한다. 공간은 3차원인데 파트너인 시간은 1차원이라는 것은 대칭성의 관점에서도 매우 위화감이 느껴진다.

물론 자연계에는 시간 외에도 대칭적이지 않은 것이 존재한다. 이러한 존재들은 '대칭성 깨짐'symmetry breaking으로 특별히 다루며 발견자에게 노벨상을 수여할 정도로 드물게 나타난다. 그에 비해 시간은 세상의 중심적인 존재임에도 대칭성이 보이지 않는 것이다. 이를 '기분 나쁘다'라고 느끼는 물리학자도 있다. 솔직히 말하면 나도 그런 물리학자 중 한 명이다. 이런 특이한, 아니 미의식이 높은 물리학자 중에는 시간에도 대칭성이 있어서 과거로도 미래로도 흐르고 있는 게 아니냐고 진심으로 생각하는 사람도 있다.

'그게 무슨 말도 안 되는 소리야'라고 생각하는가? 입에 넣었던 주스가 컵으로 돌아가는 세상이 있다면 더 기분 나쁠지도 모른다. 최근에 그런 세상은 존재하지 않는다고 단언할 수 없다는 사실이 밝혀졌다. 내가 3년 동안 스승으로 모셨던 호킹 교수는 자유로운 발상, 좀 더 노골적으로 표현하면 헛소리로 치부할 만한 엉뚱한 발상에서 새로운 이론을 만들어 냈다. 시간에는 호킹 교수 같은 도전을 할 수 있는 가능성이 많이 남아 있다. 인류는 아직 시간에 관해 전혀 알지 못한다.

방정식에는 시간이 숨어 있다

우리가 앞으로 생각해 보려는 것이 엉뚱하고 정신 나간 발상이 아님을 이제 이해했으리라 믿는다. 물리학이라는 학문의 목적은 자연이라는 신이 만들어 낸 이 세계의 규칙을 도려내 인간이 이해할 수 있는 형태로 표현하는 것이다. 자연 그 자체는 인간의 지혜를 뛰어넘는 존재지만 지금까지 수많은 위인이 어떻게든 자연의 단편을 최대한 이해하기 쉬운 형태로 펼쳐내는 일에 도전해 왔다.

고대 인류는 그 단편을 일상에서 사용하는 말로 표현했다. 수학이라는 언어를 발명하면서 좀 더 정확하게, 본질을 단순하게 표현하는 방법을 손에 넣었다. 바로 방정식이다. 방정식 자체는 물리학자들의 피땀 어린 노력 끝에, 가끔은 우연히 탄생해 선인들이 펼쳐낸 지혜의 결정체로 기억되어 왔다. 그러나 일단 만들어진 방정식은 발명한 사람이 상상조차 하지 못했던 것을 예언하며 새로운 세계로 들어가는 문을 열기도 한다. 현재 인류가 획득한 표현 방법 가운데 '신의 세계'를 기술할 수 있는 가장 가까운 언어가 아마도 방정식일 것이다. 방정식은 발견자가 사망하고 몇 세기가 지난 뒤에 그 방정식의 유용성이 이해되면서 세상의 진실 중 일부분이 이야기되기 시작하는 신비한 일이 일어난다.

물론 어지간히 방정식에 익숙한 사람이 아니라면 방정식이 의미불명의 주문으로만 보이지 않을까 싶다. 다만 이것만은 기억했으면 한다.

'모든 방정식은 시간에 따라 변한다는 것을 전제로 삼는다.'

표현이 조금 난해하게 느껴질 수도 있다. 언뜻 복잡해 보이는 방정식도 단순히 말하면 '다음의 시각時刻에는 어떻게 변화하는가?'를 나타내는 것에 불과하다는 뜻이다.

시각에 따른 변화를 방정식으로 나타낸다고 하면 제일 먼저 떠오르는 것은 미적분이다. 미적분이라는 말을 들으면 학창 시절에 고생했던 기억이 떠올라 기분이 나쁜 사람도 많을 것 같다. 하지만 방정식의 세계에서 미적분은 주인공이라고 해도 과언이 아니다.

시간에 따른 변화를 나타내는 방정식에서 미분은 보통 '어떤 양의 시간 미분'인데, 그 양이 어떤 시각에서는 어떻게 변화하는지를 현재의 시각에서 예상한 것이다. 예를 들어 주가 변동을 나타내는 그래프는 미분 방정식을 바탕으로 다음 주의 주가를 확률적으로 예측한다.

미분이 시간별 변화를 나타내는 데 비해, 적분은 일정 시간이 경과한 뒤에 변화의 총량이 어느 정도인지를 나타내는 것이다. 가령 욕조에 물을 채운다면 다음과 같다.

미분 = 어떤 순간에 수도꼭지에서 나오는 물의 양

적분 = 어떤 순간부터 다음 순간까지 욕조에 찬 물의 총량

이런 식으로 생각하면 조금은 거부감이 줄지 않을까 싶다. 이제 다음 방정식을 살펴보자.

$$y = ax$$

이것은 직선을 나타내는 단순한 방정식이다. 가령 y의 1초 후 값

을 y_1이라고 하고, x의 1초 후 값을 x_1이라고 하면, y_1과 x_1 사이에는 다음과 같은 관계가 성립한다.

$$y_1 = ax_1$$

이를 2초 후, 3초 후…로 계속 반복하면 가로축이 x, 세로축이 y인 직선을 그릴 수 있다. 모든 방정식은 이렇게 시간 변화에 따라 양이 어떻게 변화하는지를 나타낸다. 앞에서 이야기한 '모든 방정식은 시간에 따라 변한다는 것을 전제로 삼는다'는 바로 이런 의미다. 그리고 이 방정식을 x로 미분하면 a가 되는데, 이것은 순간의 속도가 a라는 뜻이다. 이 속도의 식을 적분하면 전체적인 이동 거리 y로 돌아간다.

이처럼 우리가 평소에 자주 보는 방정식에는 사실 중요한 요소인 시간에 관해 적혀 있지 않다. 그래서 시간에 관한 정보를 표시한 것이 바로 미분 방정식이다.

방정식은 시간의 방향을 구별하지 못한다

이제 본론으로 들어가자. 평범한 방정식에는 숨겨져 있던 시간에 관한 정보가 미분 방정식에는 적혀 있다. 다만 미분 방정식에도 시간의 방향, 즉 시간의 화살에 관해서는 기술되어 있지 않다. 다시 말해 자연계의 온갖 사건을 기술한 방정식에서는 애초에 운동이 일어나는 순서를 규정하고 있지 않다. 단순한 예를 통해 이 문제를 살펴보자(그림2-1).

수평한 면 위에서 공이 A지점부터 오른쪽 방향으로 직선 운동을 해 x초 후 B지점에 도착했다. 이때 공의 움직임은 초기 시간에서 x초까지 상태 변화를 기술하는 미분 방정식으로 나타낼 수 있다. 변화는 d로 표시된다.

그렇다면 공이 반대로 B지점에서 왼쪽 방향으로 직선 운동을 해 x초 후 A지점에 도착한 경우도 미분 방정식으로 나타낼 수 있을까? 물론 나타낼 수 있다. 단, 이때 주의할 점이 있다. B지점에서 왼쪽으로 움직이는 공의 운동은 다음과 같이 두 가지 관점으로 볼 수 있다.

(1) B지점에 있었던 공이 x초에 걸쳐 A지점으로 움직였다.

(2) A지점에서 B지점으로 움직인 공이 시간이 x초 되감기는 바람에 A시점으로 돌아갔다.

시간이 반대 방향으로 나아간다는 생각은 비상식적이기는 하지만 수를 0으로 나누는 것과 같은 금지 사항은 아니기 때문에 그렇게 생각하는 것 자체는 자유다. (1)과 (2)의 차이는 시간이 나아가는 방향

그림2-1 시간의 방향을 구별하지 않는 미분 방정식

미분 방정식에서는 오른쪽 방향으로 나아가는 운동과
왼쪽 방향으로 나아가는 운동은 다르지 않으며 같다고 본다.

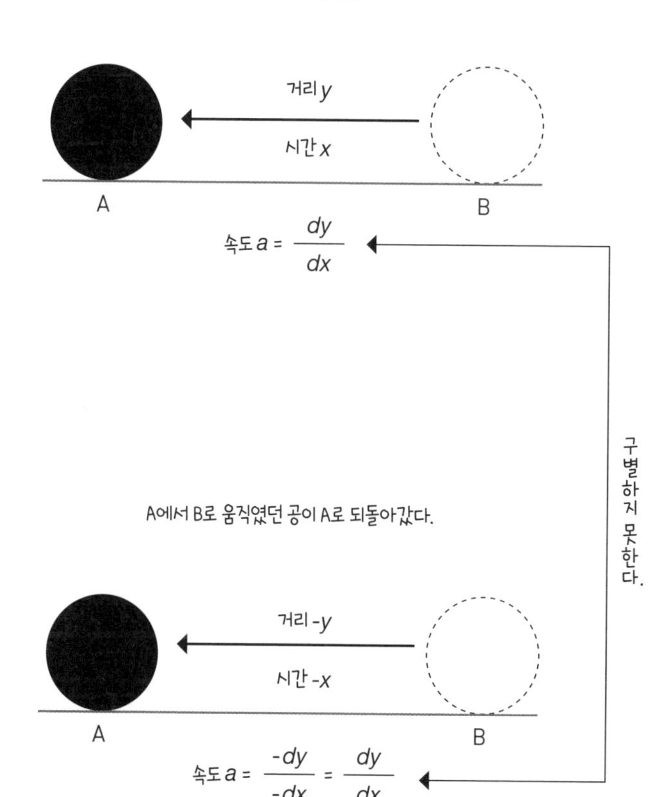

을 어떻게 보느냐의 차이이다. 반대 방향으로 나아간다고 생각할 수는 있지만 현실에서는 일어날 것 같지 않다.

그렇다면 공의 움직임을 미분 방정식으로 나타내면 (1)과 (2)가 구별되어 각각 식이 만들어질까? 답은 '아니요'다. 공의 움직임을 표현하는 미분 방정식은 하나뿐이다. 다시 말해 세계의 삼라만상을 기술할 수 있을 줄 알았던 시간의 방향은 구별하지 못하는 것이다.

낙하 운동도 반대 방향이 가능할까?

그렇다면 물체가 낙하하는 경우는 어떨까? 수평한 면에서 옆으로 이동하는 것과 달리, 일반적인 낙하 운동에서는 모든 물체가 위에서 아래로 일방통행을 한다. 나무에서 지면으로 떨어진 사과가 다시 나무로 돌아가는 모습은 상상할 수 없다.

물체가 낙하하는 이유는 지구가 물체를 잡아당기기 때문이다. 지구가 잡아당기는 힘을 '중력'이라고 한다. 우리는 중력을 위에서 아래라는 한 방향으로만 작용하는 힘으로 알고 있다. 그리고 중력이라고 하면 17세기에 보편중력(만유인력)을 발견한 아이작 뉴턴(그림 2-2)을 떠올릴 텐데, 뉴턴은 우리 주변에서 일어나는 운동을 전부 기술한 '뉴턴의 운동 방정식'도 확립했다. 그렇다면 뉴턴이 한 방향으로만 작용하는 중력에 관한 운동 방정식을 만들 때 시간도 한 방

그림2-2 아이작 뉴턴

향으로만 흐르도록 표현한 게 아닐까?

이번에도 답은 '아니요'다. 뉴턴이 발견한 보편중력(만유인력)은 지구가 물체를 잡아당기는 힘만이 아니라 모든 물체와 물체 사이에 작용하는 힘이다. 사과도 지구를 잡아당기고 있다. 우리에게는 지구가 물체를 잡아당기는 힘밖에 안 보이므로 인력은 한 방향으로만 작용한다고 생각하기 쉽다. 하지만 뉴턴의 운동 방정식은 사과가 지면에서 떠올라 나무로 돌아가는 운동도 허용한다.

방정식을 어떻게 푸느냐에 따라 시간은 사과가 낙하하는 방향으로도 흐르고 반대로 떠오르는 방향으로도 흐른다. 방정식은 이 둘을 구별하지 않는다. 뉴턴의 운동 방정식은 원리적으로 시간이 반대 방향으로 흐를 수 있다고 여기는 것이다.

시간이 거꾸로 흐르는 세계는 존재할까?

낙하 운동의 예를 하나만 더 들어 보겠다. 매끄러운 레일 위를 굴러가는 공을 떠올려 보자(그림2-3). A지점에서 공을 놓으면 중력에 의해 자연스럽게 낙하해 롤러코스터처럼 아래로 내려간다. 그러나 중간부터 레일이 위로 올라가면 이번에는 그 레일을 따라 위로 올라간다. 이때 (마찰이 거의 없다면) 처음 출발한 높이와 같은 높이인 B지점까지 올라간 뒤 속도가 떨어져 일순간 정지한다. 그리고 다시 방금 올라왔던 레일을 내려간다.

이 운동도 낙하 운동이므로 뉴턴의 운동 방정식으로 나타낼 수 있다. 이 식을 풀었을 때 수학적인 풀이는 사실 두 가지다.

(1) A지점에서 내려간 뒤 올라가 B지점에서 일순간 정지한다.

(2) B지점에서 내려간 뒤 올라가 A지점에서 일순간 정지한다.

두 가지 풀이가 동시에 존재하는 것이다. 우리의 상식에서는 각기 다른 운동이다. 그도 그럴 것이 시간이 흐르는 방향이 정반대로밖에

그림2-3 낙하 운동을 나타내는 운동 방정식

레일 위를 굴러가는 공의 움직임(시간의 방향)은 각기 다른 운동으로 보이지만,
운동 방정식에서는 둘을 구별하지 않는다.

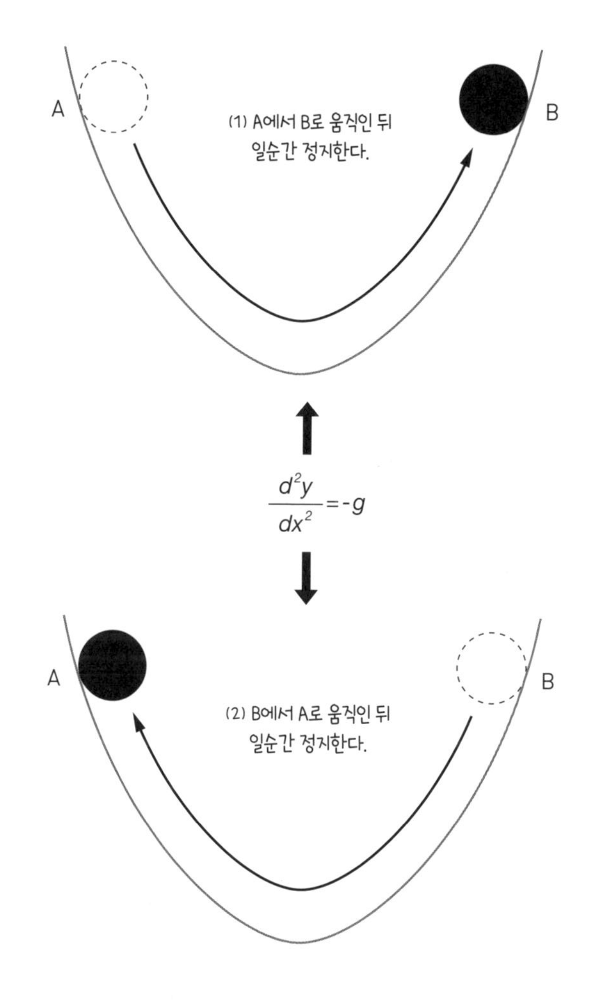

생각되지 않기 때문이다. 그러나 뉴턴의 운동 방정식에서는 둘을 구별하지 않는다!

이처럼 뉴턴의 운동 방정식에도 시간의 화살이라는 개념은 존재하지 않는다. 나는 이것이 뉴턴의 의도와는 관계가 없다고 생각한다. 다시 한번 말하지만 방정식은 자연법칙을 설명하기 위해 인류가 획득한 최고의 방법이다. 방정식은 일단 탄생하면 발견자의 의도조차 초월해 드넓은 우주 어딘가에서 실현되고 있을 가능성이 크다는 게 내 생각이다. 그런 방정식이 과거와 미래를 구별하지 않는다…. 이렇게 생각하면 시간이 역행할 가능성도 조금은 현실성 있어 보이지 않는가?

데즈카 오사무의 대표작인 《불새》에 이런 인상적인 장면이 나온다. 어느 행성에서 거대한 돌이 지면에서 멋대로 떠올라 절벽을 타고 올라가더니 정상에서 딱 멈춘다. 마치 시간이 거꾸로 흐르는 듯한 세계인데, 방정식은 그런 세계의 존재를 허용하는 것이다.

엔트로피 증가의 법칙이란?

지금까지 물리학 관점에서 바라본 시간의 화살을 다른 관점에서 생각해 보면서 이 장을 마무리하겠다.

여러분은 '엔트로피'entropy라는 말을 들어 본 적이 있을 것이다. 아주 쉽게 설명하면 엔트로피는 '난잡함'을 표현하는 개념이다. 예를 들어 블랙커피가 들어 있는 컵에 우유를 떨어트렸다고 가정해 보자. 우유가 커피에 쪼르륵 떨어지고, 구불구불한 무늬를 그리며 점점 컵 전체로 퍼지면서 커피와 섞인다. 이때 처음 우유를 떨어트렸을 때의 컵은 '질서가 높은 상태'다. 우유와 커피가 섞인 컵은 '질서가 낮은 상태'라고 할 수 있다.

엔트로피란 무질서함, 즉 난잡한 정도를 나타내는 지표다. 따라서 질서가 높은 상태는 엔트로피가 낮고, 질서가 낮은 상태는 엔트로피가 높다. 요컨대 커피와 우유를 섞은 뒤 컵 속 엔트로피는 우유를 섞기 전보다 증가한 셈이다. 이를 '엔트로피 증가의 법칙'이라 하고, 물리학 '열역학' 분야의 기본적인 대원칙이자 자연계 모든 물질이 따르는 매우 중요한 규칙이다.

엔트로피 증가의 법칙은 우주 전체에 영향을 미친다. 우주는 시작한 순간부터 서서히 복잡함을 더하는 방향으로 진화했다. 최초의 아주 작은 우주의 씨앗이라고도 할 수 있는 질서정연한 세계가 급격히 확대되고, 여기저기에서 가스가 모이고, 가스가 모인 곳에서 별이 생기고, 별이 모여 은하가 생기고, 더욱 복잡한 대규모 구조가 만들어졌다. 138억 년에 걸쳐 진행된 이와 같은 우주의 발전은 무질서한 세계로의 이행인 동시에 엔트로피가 증가한 결과다.

게다가 엔트로피에는 우리가 간과할 수 없는 성질이 있다. 엔트로피는 낮은 쪽에서 높은 쪽으로 증가할 뿐, 반대로 높은 쪽에서 낮은 쪽으로 감소하는 일은 일어나지 않는다. 그렇다. 마치 시간의 화살처럼 한 방향으로만 변화한다. 물리학에서 시간의 불가역성을 믿는 이유는 엔트로피 증가의 법칙 때문이다. 둘은 동전의 양면과 같다. 시간이 역행할 가능성을 모색하려는 우리에게 엔트로피는 '숙적'이라고도 할 수 있겠다.

우주에는 이 법칙에 저항하는 존재도 있다. 무엇인지 짐작이 가는가? 바로 우리, 즉 생물이다. 우리가 태어났다는 것은 우리의 신체를 일정 수준의 질서 잡힌 상태로 유지하고 있다는 의미다. 이 행위를 '항상성 유지'라고 한다. 물리적으로 보면 죽음이란 신체의 질서를 유지할 수 없어 엔트로피 증가에 저항하지 못하게 되는 것이다. 생물은 엔트로피가 지배하는 우주의 시간의 화살에 맞서 정반대 방향으로 독자적인 시간의 화살을 발사하고 있는 유일한 존재다(현시점 기준). 힘내라, 생물!

덧붙이자면 생물이 엔트로피 증가의 법칙에 대항해 독립을 쟁취한 것은 절대 아니다. 이에 관해서는 뒤에서 자세히 설명하겠지만 엔트로피 증가의 법칙이 모습을 드러내는 순간은 그곳이 커피 컵처럼 고립된 상태에 있을 때다. 생물은 끊임없이 외부에서 에너지(지구 생명체라면 태양 에너지)를 받아들여 생명을 유지하고 있기에 고립된 상태가 아니다. 따라서 엔트로피 증가의 법칙에 더 이상 지배받지 않는 상태는 아닌 것이다.

어쨌든 시간이 역행할 가능성을 모색하는 여행을 시작한 이상 우리는 엔트로피와의 대결을 절대 피할 수 없다.

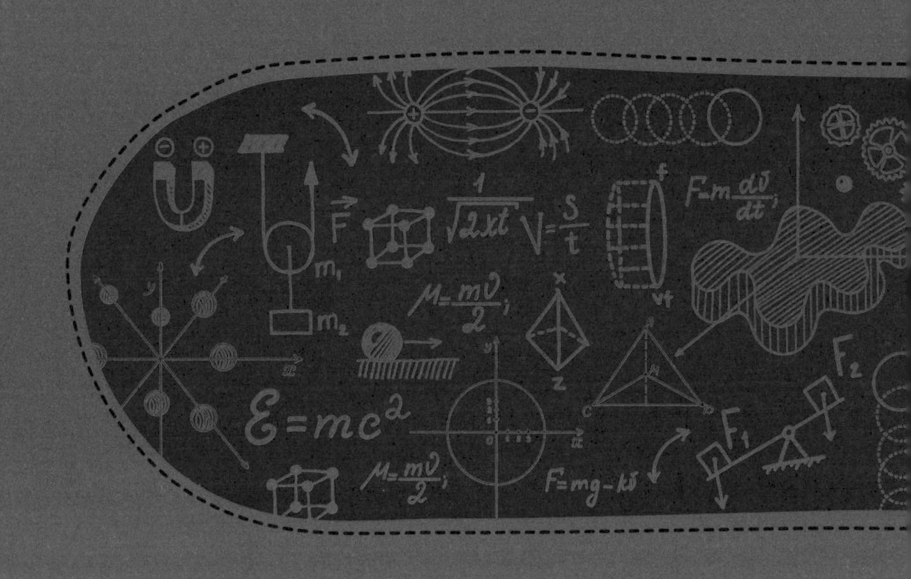

E=mc²
V=S/t
F=m dv/dt
F=mg-kv
F₁
F₂
m₁
m₂

제3장

상대성 이론과 시간

대부분의 사람들이 가지고 있는 물리학에 관한 지식은 100여 년 전에 상식으로 여겼던 지식 수준에 머물러 있지 않나 싶다. 실례를 무릅쓰고 말하면 17세기 뉴턴이 운동 방정식을 발견했을 즈음, 중세에서 겨우 근대로 들어선 무렵의 지식 수준이 아닐까? 시간에 관한 이해 수준도 마찬가지일 것이다.

근대 이후의 물리학에서는 뉴턴역학이라는 토대 위에 세운 '상대성 이론'과 '양자역학'이라는 거대한 두 기둥이 혁명이라고 불러도 손색이 없을 정도의 커다란 발전을 이끌었다. 상대성 이론과 양자역학은 시간에 관해서도 기존 개념을 완전히 뒤엎었다. 그러므로 '시간은 되돌릴 수 있을까?'라는 초현대적인 주제를 생각하기 위해서는 상대성 이론과 양자역학에 관해 대략적으로라도 알아 둬야 한다.

먼저 상대성 이론이 일으킨 혁명부터 살펴보자.

빛을 독재자로 만든 특수 상대성 이론

상대성 이론에 관해서는 제2장에서 시간을 이해하기 위한 세 가지 단서 중 '크기'를 소개할 때 아주 짧게 설명했다. 다시 한번 이야기하면 우리는 상대성 이론을 통해 시간이나 공간이 늘어나기도 하고 줄어들기도 한다는 사실을 알게 되었다. 시간과 공간을 한 세트로 만든 '시공간'은 우리가 사는 세계 그 자체다. 뉴턴까지의 물리학에서는 시공간을 '절대 변하지 않으며 다른 온갖 것의 움직임을 측정하는 기준'이라고 생각했다. 그런데 상대성 이론은 실제로 시공간이 쉽게 변하는 상대적인 것임을 밝혀냈다.

상대성 이론이 세상에 불러온 충격은 그야말로 엄청났다. 물리학 역사상 최고의 스타가 탄생한 순간이기도 하다. 상대성 이론에는 '특수'와 '일반' 두 종류가 있다. 아인슈타인이 1905년에 발표한 이론은 특수 상대성 이론이다.

물리학 이론에는 자연계 움직임을 어떻게든 기술하려고 악전고투한 끝에 만들어 낸 땀내 나는 이론이 있는가 하면, 천재 한 명이 독단과 주관을 밀어붙여서 이끌어 낸 이론도 있다. 때로는 학자 개인이 이상으로 삼는 세계관, 즉 자연은 이러한 모습이어야 한다는 미의식이 새로운 이론을 발견하게 하는 경우도 있다. 이를 '이론의 원리'라고 바꿔 말할 수도 있다. 나는 특수 상대성 이론이 바로 이 원리에서 탄생한 게 아닐까 싶다.

아인슈타인이 특수 상대성 이론을 내놓았을 당시, 사람들은 빛이 나아가는 속도가 상황에 따라 변한다고 생각했다. 예를 들어 기차에 타고 있는 사람이 손전등을 들고 있는 경우와 멈춰 있는 사람이 손전등을 들고 있는 경우를 비교하면, 기차에 타고 있는 사람의 손전등에서 나오는 빛의 속도는 '기차 속도 + 빛의 속도'가 되므로 멈춰 있는 사람의 손전등에서 나오는 빛의 속도보다 빠르다고 믿어 의심치 않았다.

그러나 아인슈타인은 빛의 속도를 절대적인 지위로 격상시켰다. 빛의 속도는 어떤 상황에서도 변하지 않으며 세상 모든 것 중에서 가장 빠르다는 사실을 증명하기 전에 원리로 만들어 버린 것이다. 이는 어떤 정치인이 어느 날 갑자기 "오늘부터 내가 절대적인 최고 권력자요. 그러니 내가 말하는 대로 법률을 만드시오."라고 선언하고 독재 국가를 건설해 버린 상황에 비유할 수 있다. 애니메이션 〈도라에몽〉의 퉁퉁이(주인공 노진구의 친구. 힘이 세고 자기중심적이다. "네 것도 내 것, 내 것도 내 것"이라는 대사가 유명하다.—옮긴이)라고나 할까? 아인슈타인은 빛이 '자연계의 퉁퉁이'임을 직감하고 여기에서 이론을 만들어 버린 것이다.

아인슈타인이 그런 대담한 행동을 할 수 있었던 이유는 자신의 이론이 틀림없다는 확신이 있었기 때문이라고 생각한다. 어쩌면 젊은 날의 어떤 기억이 그의 이론에 영향을 주었는지도 모른다. 아인슈타인은 학창 시절에 학교 뒤 공터에서 낮잠을 자다 자신이 빛의 속도보다 빠르게 날 수 있어서 빛을 쫓아가는 꿈을 꿨다. '빛을 따라잡아 추월했을 때, 빛이 닿지 않는 자신의 눈에 대체 무엇이 비칠까?'란 의문과 함께 잠에서 깬 그는 곧장 사고실험에 열중했다고 한다. 사고실험이란 어떤 문제를 극단적 조건에서 생각해 봄으로써 문제의 본질을 밝혀내는 수법이다.

결과적으로 아인슈타인의 착상은 옳았다. '광속 불변 원리' principle of constancy of light velocity가 확립되자 여기에서 특수 상대성 이론을 도출했다. 도출 과정은 이미 많은 입문서에 소개되어 있으므로 생략하겠다. 중학생 수준의 수학 지식만 있으면 충분히 이해할 수 있다. 특수 상대성 이론의 포인트는 광속을 변하지 않는 것으로 절대화할 경우, 공간이나 시간 쪽을 상대화해야 모순이 발생하지 않는다는 점이다. 다만 물체가 일상에서 흔히 볼 수 있는 수준의 운동을 하고 있다면 뉴턴까지의 물리학으로도 사실상 문제는 없다. 특수 상대성 이론이 작용하는 것은 물체가 광속, 즉 초속 30만 킬로미터에 가까운 특수한 운동을 하고 있을 때다.

엄청난 속도로 움직이는 로켓에 타서 밖을 바라보면 물체의 크기가 줄어들어 보인다. 그리고 지상에 있는 사람의 시간과 비교하면 시간이 천천히 흐른다. 공간도 시간도 특수한 운동으로 인해 크기가 변하기 때문이다. 다만 우주는 빛이 주역인 세계이기에 오히려 특수 상대성 이론이 작용하는 쪽이 일상적이라고 할 수 있다.

슈퍼히어로의 시간은 얼마나 느려질까?

특수 상대성 이론이 작용하면 시간이 얼마나 느려지는지 간단히 계산할 수 있는 식이 있어 소개한다.

$$\Delta T = \Delta t\sqrt{1-(v/c)^2}$$

미국 만화 주인공 중에 '플래시'라는 엄청나게 빠른 속도로 달릴 수 있는 슈퍼히어로가 있다. 이 식을 사용하면 플래시가 달릴 때 주위에 시간이 얼마나 느려지는지 알 수 있다. Δ(델타)는 변화를 나타내는 기호이며, ΔT는 플래시의 시간 경과, Δt는 정지한 사람의 시간 경과, v는 플래시의 속도, c는 광속을 의미한다.

플래시가 광속의 80퍼센트 속도로 1초 동안 달렸다고 가정하면 $v/c = 0.8$(광속의 80퍼센트), $\Delta t = 1$초가 된다. 대입해서 식을 풀면 다음과 같다.

$$\Delta T = 1 \times 0.6 = 0.6$$

즉, 플래시의 경과 시간 ΔT는 떨어진 곳에서 플래시를 응원하는 사람들의 경과 시간 Δt의 60퍼센트밖에 안 된다. 그만큼 시간이 느리게 흘러가는 것이다. 따라서 우리의 시간이 1초 흐를 때, 플래시의 시간은 0.6초밖에 흐르지 않는다.

플래시의 손목시계도 표준 시간보다 진행이 느려지니 나쁜 일이 벌어지고 있는 현장에 늦게 도착하지 않을까 걱정될 수도 있는데, 이 식이 있으면 손목시계를 얼마나 보정해야 할지도 알 수 있다.

중력이 시공을 일그러뜨린다는 일반 상대성 이론

아인슈타인은 1915년부터 이듬해에 걸쳐 더욱 충격적인 이론을 발표했다. 특수 상대성 이론은 이름처럼 광속에 가까운 이동을 하고 있는 특수한 상황에서 시공간이 늘어나거나 줄어든다는 이론이다. 이번에는 있을 수 없는 상황이 아니라 우리가 살고 있는 지극히 일반적인 시공간이 사실은 일그러져 있다고 예언했다. 바로 '일반 상대성 이론'이다. 여기에서도 교과서적인 설명은 다른 입문서에 양보하기로 하고, 여러분에게도 친숙한 천체를 예로 들어 이미지만 소개하도록 하겠다.

특수 상대성 이론에서는 '빛'이 키워드였다. 일반 상대성 이론의 키워드는 '중력'이다. 중력이란 (대략 말하면) 자신 쪽으로 잡아당겨 떨어지지 않게 하는 힘이다. 그렇다면 우주에서 중력이 가장 강한 것은 무엇일까?

그렇다. 암흑의 천체 '블랙홀'이다. 블랙홀의 중력은 엄청나서 빛도 빨려 들어가 버리기 때문에 밖에서는 새까맣게 보인다. 블랙홀의 중력은 질량에 따라 차이가 있지만 평균적인 블랙홀의 중력은 지구의 3만 배다. 거대한 태양의 중력도 지구의 30배 정도니 얼마나 강력한 중력인지 짐작이 갈 것이다. 블랙홀에 빨려 들어가는 한계선을 넘어가면 중력에 잡아당겨지는 것만으로도 몸이 갈기갈기 찢기고 만다.

아인슈타인은 일반 상대성 이론에서 중력이란 시공간의 일그러짐에서 만들어진다고 예언했다. 최대한 간단하게 설명하면, 트램펄린의 그물(시공간)에 공을 올리면 공의 무게 때문에 그물이 움푹 들어간다(그림3-1). 물건이 떨어질 때 움푹 들어간 곳으로 물건이 굴러 내려가는 것이다.

또한 아인슈타인은 우주에는 극단적으로 중력이 강해서 시공간의 그물이 극한까지 움푹 들어간 장소가 있다고도 예언했다. 바로 블랙홀이다. 빛이 우주에서 가장 빠르다는 것을 알아맞혔을 때와 마찬가지로 블랙홀의 존재도 오로지 자신의 사고만으로 확신했다.

그림3-1 일반 상대성 이론이 예언하는 중력의 이미지

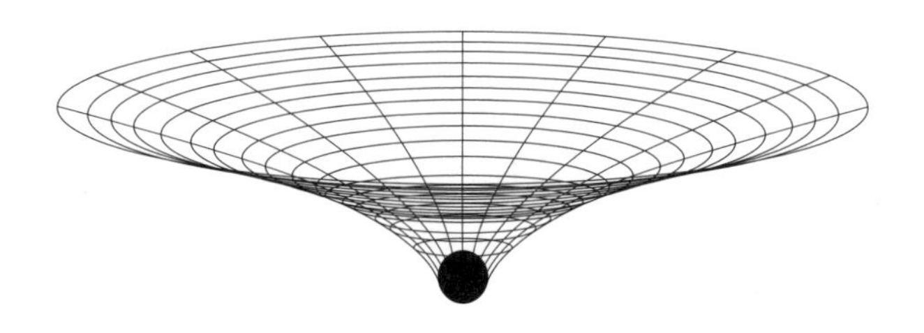

그물이 움푹 들어가듯이 시공간이 일그러져 중력이 생긴다.

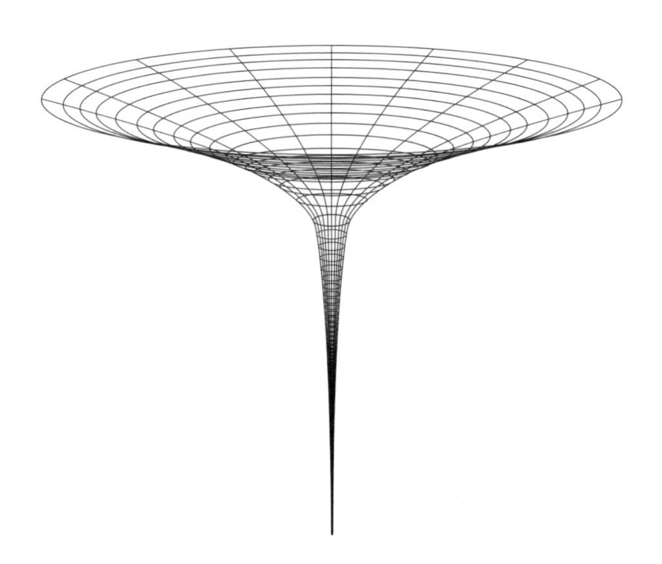

블랙홀의 경우, 시공간의 그물이 극한까지 움푹 들어간다.

앞에서 광속에 가까운 빠른 속도를 생각하는 특수 상대성 이론의 세계가 우주에서는 일상적이라고 했다. 블랙홀처럼 강한 중력을 생각하는 일반 상대성 이론의 세계도 우주에는 지극히 당연하게 존재한다. 인류는 상대성 이론을 손에 넣음으로써 비로소 우주에 관해 논리적으로 생각할 수 있게 되었다.

일반 상대성 이론이 옳았음은 2015년에 중력이 시공간을 일그러뜨린 흔적인 중력파가 검출되고, 2019년에 블랙홀이 실제로 촬영됨으로써 완전히 증명되었다. 아인슈타인의 이론을 관측이 따라잡기까지 100년이 걸린 셈이다.

블랙홀에 빨려 들어간다면?

이제 일반 상대성 이론에 따른 시간의 일그러짐을 블랙홀이라는 극단적인 예를 통해 생각해 보자. 블랙홀에 다가간 사람이 빨려 들어갈 때, 그 사람에게는 일순간의 참극이다. 그러나 블랙홀에서 상당히 멀리 떨어진 곳에서 그 모습을 본다면 빨려 들어가고 있는 사람의 시간이 점점 느리게 흐르는 것처럼 보인다. 마치 슬로모션처럼 말이다. 결국 시간이 멈춰 버린 듯 보여서 "어라? 저 친구 아까부터 전혀 안 움직이네?"라고 말할 수도 있다.

한편, 블랙홀에는 이 이상 다가가면 위험하다는 한계선이 표시되어 있지 않기 때문에 우주여행을 하다가 자신도 모르게 한계선을 넘어가도 깨닫지 못한다. 다만 밖에서 자신을 보고 있는 사람의 모습이 이상하다는 것을 깨닫고 이렇게 말한다.

"저 친구, 점점 손을 빠르게 흔드네? 왜 저러는 거지?"

이게 인생의 마지막 중얼거림이 되는 것이다.

이처럼 양쪽 모두 바라보는 곳의 시간이 자신과 다르게 흐르는 듯 보인다는 것이 시간은 절대적이지 않고 상대적임을 말해 준다.

아이들에게 강연을 하다 보면 "블랙홀에 가까워지면 어떻게 돼요?"라는 질문을 종종 받는다. 다들 너무나도 불안한 표정으로 진지하게 물어봐서 얼버무리며 답할 수 없다. 그럴 때 나는 진지한 표정으로 이렇게 말한다.

"만약 블랙홀과 너무 가까워졌다면 누우세요."

블랙홀에서 사람이 갈기갈기 찢기는 이유는 (어디까지나 '직접적으로는'이지만) 몸의 부위마다 블랙홀과의 거리 차이가 생기기 때문이다. 사람의 몸은 세로로 길어서 머리나 다리부터 가까워지면 뒤쪽과의 거리 차이가 커져서 강력한 중력이 송곳니를 드러낸다. 그러나 누워 있으면 거리 차이가 별로 생기지 않기 때문에 중력에 의해 몸이 찢기는 것은 막을 수 있다는 의미다.

물론 명확한 답은 아니지만 적어도 '믿음직스러운 선생님'으로서 아이들의 불안감을 덜어 주는 효과는 있다. 게다가 '누우면 된다'라는 답은 곰에게 습격을 당했을 때 죽은 척을 하라는 것과 비슷하기에 애용하고 있다.

그리고 아이들을 안심시키려고 이런 말도 종종 한다.

"일반적인 블랙홀은 상당히 가까이 다가가지 않으면 빨려 들어가지 않는답니다."

블랙홀의 중력 세기는 질량에 따라 결정된다. 태양과 비슷한 질량의 블랙홀이라면 중력이 영향을 미치는 범위는 중심부로부터 대략 3킬로미터다. 다만 이 정도 질량은 상당히 작은 편에 속한다. 평범한 블랙홀은 질량이 태양의 30배 정도인 별이 마지막에 대폭발을 일으키며 죽은 뒤 생긴다. 그래도 중력이 작용하는 범위는 3킬로미터×30배=90킬로미터로, 반경 100킬로미터에도 미치지 못한다. 천체와 천체 사이의 거리가 이렇게 가까워지는 일은 상당히 드물다. 별과 별 사이도 보통 몇 년 이상 걸릴 만큼 먼 거리에 있다. 태양계는 1광년 안에 별들이 모여 있는 예외적인 곳이지만.

어쨌든 자유롭게 우주여행을 하는 날이 오더라도 여행 중에 블랙홀과 조우할 확률은 제로에 가깝다고 할 수 있다. 그러니 어린이들은 미래에 안심하고 우주여행을 떠났으면 한다.

상대성 이론을 이용해 오래 살 수 있을까?

상대성 이론에 관한 소개는 이쯤에서 끝내도록 하겠다. 특수 상대성 이론은 빛이, 일반 상대성 이론은 중력이 절대로 변하지 않는 줄 알았던 시간을 일그러뜨려 늘어나게도 줄어들게도 한다는 사실을 이해했다면 충분하다. 또한 이런 이론을 실험도 하지 않고 생각해 낸 천재가 있다는 사실도 기억해 준다면 더욱 기쁠 것이다.

그런데 "시간의 속도가 느려진다."라는 말을 듣고 '그렇다면 상대성 이론을 이용해 오래 살 수 있는 거 아닌가?'라는 생각을 한 사람도 많을 것이다. 과연 실제로 상대성 이론을 이용해 수명을 연장할 수 있을까?

방법이 있다! 선택지는 두 가지다.

(1) 광속에 가까운 속도로 날아가는 우주선에서 살다가 지구로 돌아온다.
(2) 중력이 강한 행성에서 산다.

두 방법 모두 시간이 흐르는 속도가 느리기 때문이다. 만약 쌍둥이 형제가 있는데 한 명은 이 방법을 실행하고, 한 명은 지구에서 계속 생활한다면 형제가 지구 기준으로 열 살이 되었을 때, 한 명은 한

살밖에 나이를 먹지 않는 일이 정말로 일어날 가능성이 있다. 다만 현실적으로 생각했을 때 (1)의 방법은 실현하기가 매우 어렵다.

SF 영화 〈인터스텔라〉에서는 주인공이 블랙홀 같은 중력이 강한 천체에 가까이 갔다가 돌아와 보니 거의 나이를 먹지 않은 상태였다. 이는 (2)의 방법으로, '립 밴 윙클'rip van winkle 효과의 일반 상대성 이론 버전이라고도 할 수 있다. 참고로 이 영화에 등장하는 블랙홀 영상은 중력파를 검출한 공로로 2017년 노벨 물리학상을 받은 킵 손Kip Thorne 박사가 감수한 계산 시뮬레이션 영상이다. 과학적으로 상당히 정확하게 만들어졌으니 한 번쯤 이 영화를 볼 것을 추천한다. 2019년에 최초로 촬영된 블랙홀 모습과 비교해 보는 것도 재미있을 것이다.

무중력인 우주 공간으로 나가면 그만큼 수명이 늘어난다고 생각하는 사람도 많은 듯한데, 무중력 상태에서는 시간이 빨리 흐르기 때문에 반대로 나이가 들기 쉬워진다고 할 수 있다. 물리적 나이뿐만 아니라 생물학적으로도 우주 공간은 지상보다 육체가 약해지기 쉽다는 사실이 보고되었다. 지구라는 행성의 중력 속에서 진화해 온 생물에게 '산다'라는 것은 '중력이라는 부하負荷에 저항하는 활동'이라고도 할 수 있다. 그래서 무중력인 우주 공간에서는 아무것도 하지 않으면 근력이 약해지고 생명력도 점점 약해지는 게 아닐까 싶다. 살아가는 데 스트레스나 부하라는 것이 어느 정도는 필요한지도 모른다.

목성 같은 크고 중력이 강한 행성에서는 부하도 강하므로 그 부하에 저항하면서 살 수 있다면 생물학적 수명은 늘어날 수도 있다. 이 방법은 상대성 이론을 사용해 수명을 늘리는 (2)와도 같으니 장기적으로는 가장 실현 가능성이 큰 수명 연장 방법이다.

다만 주의할 점이 있다. 목성은 중력이 지구의 2.5배나 된다. 지구에서 몸무게가 70킬로그램이라면 목성에서는 약 180킬로그램이 된다. 이 몸무게에 지지 않으려면 골격과 근력을 모두 강화하는 상당한 트레이닝을 해야 한다(만화 《드래곤볼》에서 주인공인 오공이 그런 수행을 했다). 그리고 목성에는 지면이 없다. 가스와 액체만으로 구성되어 있는 행성이기 때문이다. 착륙하려고 우주선을 하강시키면 점점 중심을 향해 빨려 들어가 결국 강한 압력에 우주선째 납작해지고 만다.

이런 과제들을 어떻게든 해결할 수 있다면 '목성에 가서 오래 살기'를 모두가 목표로 삼는 시대가 올 수도 있겠다.

인과율은 미래를 어디까지 결정하는가?

상대성 이론에 관한 이야기는 지금부터가 본론이다.

“그때 그런 일이 있었던 덕분에 지금 이렇게 우리가 만났어.”

“그때 그런 짓을 해 버리는 바람에 우리가 헤어지고 말았어.”

전 세계에서 얼마나 많은 연인이 이런 대화를 나눴을까? 우리는 모든 결과에는 원인이 존재한다고 생각한다. 그렇다. 이 세상은 전부 원인과 결과에 지배당하고 있다. 불교에도 ‘인과응보’라는 말이 있어서 악행을 저지르면 돌고 돌아 그 대가를 치르게 된다고 가르친다.

물리학에도 ‘인과율’이라는 규칙이 존재한다. 모든 것은 원인이 있기에 결과가 있으며, 반대는 성립하지 않는다는 발상이다. 아인슈타인은 상대성 이론을 만든 뒤, 인과율에 관해 깊이 생각하기 시작했다.

‘원인이 있기에 결과가 있다’라는 말은 물리학자가 아니더라도 누구나 인생의 교훈처럼 이야기할 수 있다. 천재가 굳이 이 주제에 관해 생각한 이유는 ‘어떤 원인이 결과에 어디까지 영향을 끼칠 수 있느냐’를 빛이라는 절대자의 관점으로 한정했기 때문이다.

아, 지금 한 말이 무슨 의미인지 이해가 안 되는가? 그렇다면 표현을 조금 바꿔 보겠다.

인과율의 개념을 극단적으로 밀고 나가면 현재 일어나고 있는 모든 결과는 우주가 처음 탄생했을 때 이미 결정되었다는 ‘결정론’에 도달하고 만다. 물론 이대로도 장대한 스케일의 이야기이기에 재미있기는 하다. 하지만 역시 무리가 있어 보인다. 게다가 아인슈타인은 우연을 싫어했다. 이 세상 모든 것을 관장하는 법칙을 신처럼 숭배하는 사람이었기 때문에 인과율이 미래에 어디까지 영향을 미칠 수 있는지, 그 범위를 명확히 정하고 싶었다. 그래서 사색을 거듭한 것이다.

빛의 원뿔과 시간의 화살

'어떤 일의 원인이 다음 사건으로 전달되려면 반드시 힘이나 정보 같은 전달 수단이 있어야 해. 그렇다면 가장 빨리 정보를 전달할 수 있는 수단은 무엇일까? 우주를 가장 빠른 속도로 날아다니는 빛이겠군. 진공 상태여도 빛이라면 전달될 수 있지. 그렇다면 빛이 나아갈 수 있는 범위에서만 어떤 원인이 어떤 결과를 불러오는 인과율이 성립할 거야.'

빛이 나아갈 수 있는 범위를 '빛의 원뿔'light corn이라고 부른다. 온갖 사건은 이 빛의 원뿔 속을 벗어날 수 없으며 과거에서 미래라는 한 방향으로 나아간다. 아인슈타인은 이렇게 생각한 것이다.

그림3-2는 빛의 원뿔을 나타낸 것이다. 그림에서 역삼각형과 삼각형의 꼭짓점을 연결한 선 안에서만 원인과 결과가 관계를 맺는다고 생각했다. 이 선은 빛의 속도가 도달할 수 있는 한계 범위이며 내부는 속도가 광속 이하인 소리 등의 전달 정보를 전부 포함하고 있

그림3-2 빛의 원뿔

빛이 나아가는 범위는 위아래에 있는 원뿔 내부로 한정되며
원인과 결과는 이 안에서만 관계를 맺는다는 발상이다.

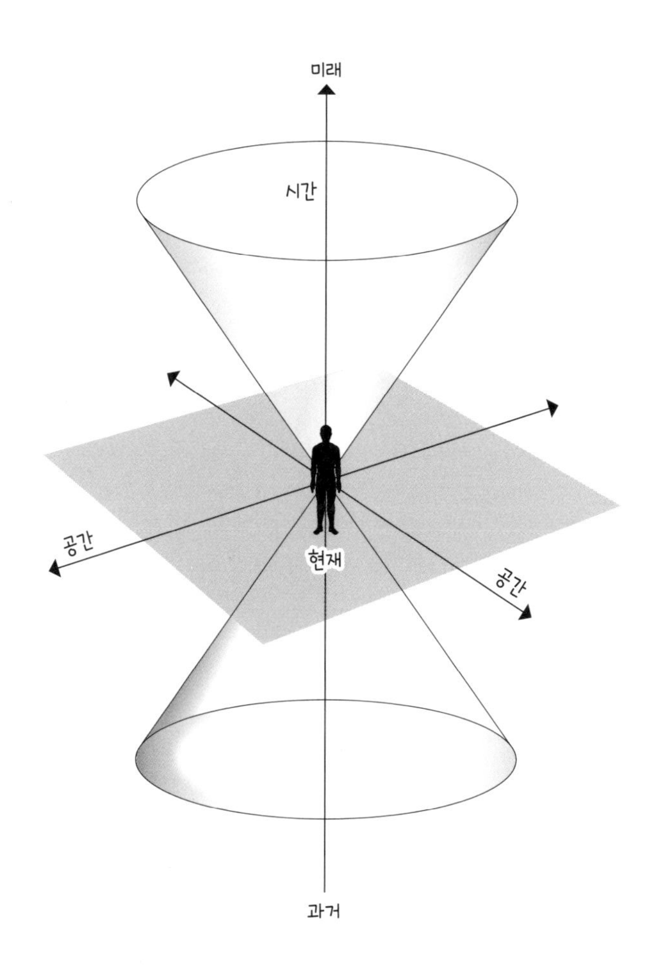

다. 그리고 한가운데 꼭짓점 부분이 지금 우리가 존재하는 현재다. 그림에 나와 있듯이 현재가 모든 과거와 연결되지는 않는다. 현재와 관계가 있는 것은 그 아래에 있는 삼각형의 영역과 연결된 정보뿐이다.

참으로 골치 아픈 상황이다. 아인슈타인이 '원인과 결과의 관계는 광속 범위로 한정된다'라고 너무나 분명하게 정했기 때문이다. 다시 한번 말하지만 인과율이란 원인과 결과가 순서에 따라 관계한다는 규칙이다. 이 말은 곧 과거와 현재의 순서를 바꿀 수 없다는 의미다. 그렇다면 이 책에서 다루고 있는 '시간은 되돌릴 수 있을까?'라는 주제는 이 시점에서 깔끔하게 부정된다. 우리의 앞길을 가로막은 존재가 그토록 존경하는 슈퍼스타라니, 나로서는 참으로 괴로울 따름이다. 끄응….

가령 SF 마니아들이 상대성 이론에 관해 이야기를 나눌 때 자주 등장하는 타임머신도, 설령 만들 수 있다 한들 인과율 때문에 미래로만 갈 수 있다. 과거로 돌아가서 원인에 어떤 영향을 주면 현재의 결과와 모순이 발생해 인과율이 성립하지 않기 때문이다. 인과율, 너만 없다면!

그러나 포기하기는 아직 이르다. 사실 우리에게는 최후의 수단이 준비되어 있다. 빛이 과거에서 미래라는 한 방향으로만 나아간다고 생각하면 인과율은 틀림없이 시간의 화살을 쏴서 우리를 방해한다.

만약 과거에서 미래가 아니라 미래에서 과거를 향해 날아가는 빛이 있다면? 그렇다면 인과율과 모순되지 않으며 우리에게도 길이 열린다.

"세상에 그런 빛이 어디 있어!"라고 호통을 치는 목소리가 들리는 듯하지만 사실은 반드시 없다고도 단언할 수 없음을 다음 장에서 이야기하겠다.

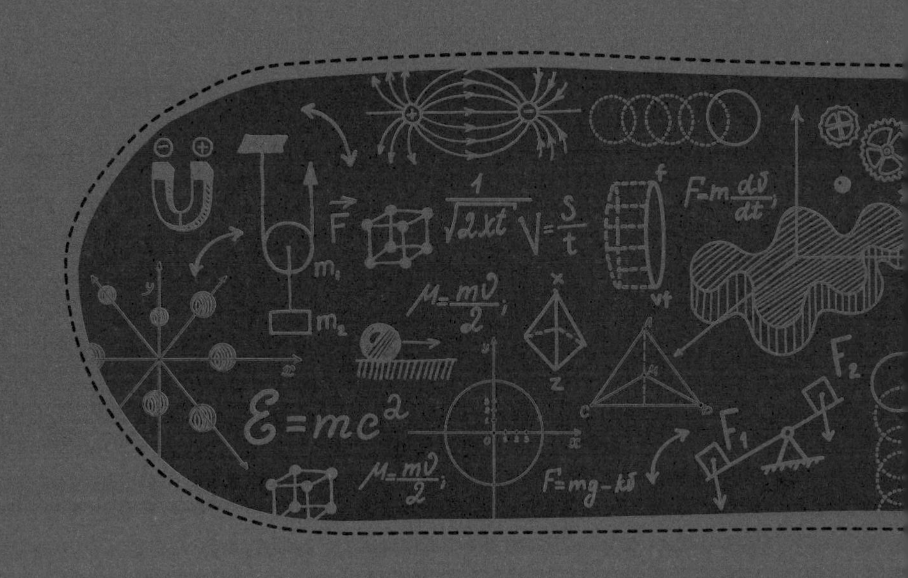

$\vec{F}$
m_1
m_2
$\frac{1}{\sqrt{2xt}}$
$V=\frac{S}{t}$
$F=m\frac{dv}{dt}$;
$\mathcal{E}=mc^2$
F_1
F_2

제4장

양자역학과 시간의 관계

양자역학은 상대성 이론에 이어 20세기 물리학에 일어난 또 다른 혁명이다. 단 한 명의 천재가 만들어 낸 상대성 이론과 달리 닐스 보어Niels Bohr, 베르너 하이젠베르크Werner Heisenberg, 에르빈 슈뢰딩거Erwin Schrödinger, 폴 디랙Paul Dirac 등 수많은 물리학자의 합작품이다. 물론 그만큼 복잡하고 난해하다. 무엇보다 우리의 일상적인 감각으로는 도저히 생각할 수 없는 황당한 이야기가 계속해서 나온다. 양자역학을 좋아하느냐 안 좋아하느냐는 이 황당함을 즐길 수 있느냐 없느냐에 달려 있는지도 모른다.

시간에 관해서도 "지금 농담한 거지?"라고 말하고 싶어지는 독특한 발상이 나온다. 이 발상이 앞에서 이야기한 아인슈타인의 인과율과 어떻게 대치하느냐가 이번 장의 핵심이다.

기본적인 소립자는 쿼크와 전자다

먼저 기본 설명부터 하겠다. 모든 물질은 계속 분할하면 작은 입자로 나뉜다. 그 입자를 '양자'라고 부른다. 더 이상 분할할 수 없을 때까지 계속 분할하면 '소립자'素粒子라고 부르는 가장 작은 입자가 모습을 드러낸다. 양자역학의 세계는 여기에서 시작된다.

입자의 최소 단위인 소립자는 세 종류가 있는 것으로 추정한다. '쿼크'quark 두 종류와 '전자'다. 이들 소립자를 기본 입자라고도 한다. 사실 소립자 종류는 더 있다. 하지만 여기서는 단순화해서 이야기하니 양해 바란다.

쿼크는 아주 기묘한 입자다. 혼자서는 행동하지 못한다. 아주 소극적이고 부끄럼을 잘 타는 친구여서 셋이서 한 조를 이루지 않으면 어디에도 가지 못한다. 두 종류의 쿼크는 남녀와도 같다. 셋이 조를 이루면 남·여·남 또는 여·남·여의 조합이 된다. 가족에 비유하면 아버지·어머니·아들 혹은 아버지·어머니·딸이다. 이런 3인 가족이 함께 행동하면 쿼크보다 한 등급 높은 입자가 된다. 바로 '양성자'와 '중성자'다(그림4-1).

양성자 가족과 중성자 가족은 이 세계에서 매우 중요한 역할을 맡고 있다. 원소를 만드는 역할이다. 이 책에는 싣지 않았지만 한 번쯤 원소 주기율표를 본 적이 있을 것이다. 원소란, 다양한 물질을 만

그림4-1 쿼크의 3인 가족

양성자 가족은 아버지 · 어머니 · 아들

중성자 가족은 아버지 · 어머니 · 딸

드는 요소로 여기에 구체적인 이름과 등번호를 부여한 것이 원자다. 학교에서는 원자가 물질의 최소 단위라고 가르친다.

원소 주기율표에서 원자번호 1번은 수소H다. 수소는 양성자 한 개와 전자 한 개로 나뉘어 있어 더 분해할 수 있다. 양성자와 전자가 왜 붙어 있는지는 조금 설명이 필요하다. 입자에는 전기를 지닌 것이 많은데, 이를 '전하'電荷라고 한다. 전하에는 양과 음(플러스와 마이너스)이 있다. 양성자는 양의 전하 +1을 지니고 있고 전자는 음의 전하 -1을 지니고 있는데, 플러스와 마이너스는 붙어서 서로를 상쇄하는 성질이 있어 양성자와 전자는 서로 쉽게 달라붙는다. 그리고 서로 달라붙으면 전하가 +1-1=0이 되어 전하를 갖지 않는 수소 원자가 된다. 이는 원자가 만들어지는 기본 방식이다.

다만 현실에서는 전자가 떨어지거나 달라붙어서 플러스와 마이너스의 균형이 무너져 전하를 갖게 되기 때문에 다른 원소와 달라붙어 복잡한 물질이 되는 경우가 많다. 전하를 가진 원자를 '이온'이라고 부르는데, 들어 본 적이 있을지도 모르겠다.

원자번호 2번은 헬륨He이다. 사실 원소의 등번호는 단순히 순서를 나타내는 게 아니다. 원소를 만드는 양성자 수를 의미한다. '원자번호가 하나 커지려면 양성자를 하나 늘려야 한다'라는 제작 과정을 나타낸다. 양성자가 늘어나면 전기적인 균형이 무너져 전하가 플러스가 되는데, 이를 상쇄하려고 전자를 끌어당기면서 전자도 늘어난다.

원소는 어떻게 만들까?

어렸을 때 조립 블록을 가지고 놀아 본 적이 있는가? 상품명이긴 하지만 '레고'를 아는 사람들이 많을 테니 레고를 예로 들어 설명하겠다.

눈앞에 큰 빨간색 레고와 작은 노란색 레고가 한 개씩 있다고 상상해 보자. 먼저 둘을 붙여서 한 세트로 만든다. 자, 수소가 완성되었다. 간단하지 않은가(그림4-2)! 짐작했겠지만 큰 빨간색 레고는 양성자를, 작은 노란색 레고는 전자를 의미한다.

이제 수소에 레고 하나를 붙여서 좀 더 크게 만들어 보자. 그러려

그림4-2 빨간색 레고(양성자)와 노란색 레고(전자)가 결합해 만든 수소

원자번호 2번인 헬륨 이후에는 파란색 레고(중성자)도 필요하다.

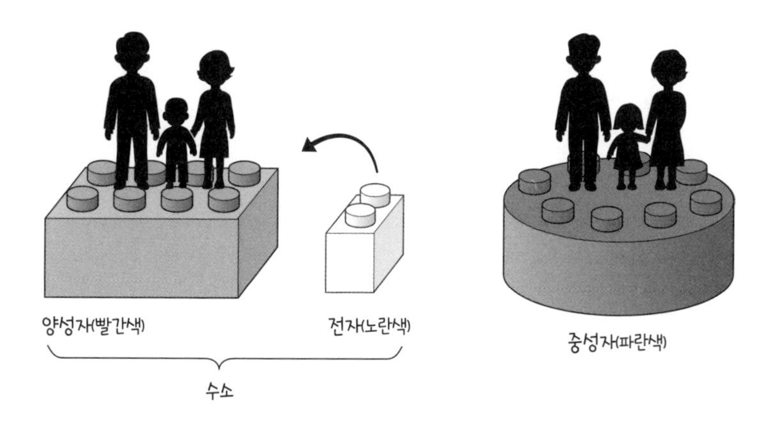

면 빨간색 레고(양성자)를 늘리는 게 효과적이다. 수소에 양성자를 하나 붙이면 전기적으로 균형을 이루기 위해 전자도 하나 필요하다. 노란색 레고다.

이제 최초의 한 세트에 빨간색 레고와 노란색 레고를 하나씩 붙여 레고 네 개로 한 세트를 만들었다. 원자번호 2번인 헬륨 완성…이라고 생각하려는 찰나, 다른 색 레고가 등장한다. 파란색 레고 모습을 한 중성자다.

앞에서 중성자는 양성자와 마찬가지로 3인 가족이라고 소개했다. 그러므로 파란색 레고의 크기는 빨간색 레고와 거의 같다. 다만 모양이 다르다. 빨간색 레고와 노란색 레고는 사각형이지만 파란색 레고는 원형이라고 생각하기 바란다. 이는 중성자가 전기적으로 플러스도 마이너스도 아닌, 이름 그대로 중성임을 나타낸다.

원소는 매우 보수적이어서 끊임없이 안정을 추구한다. 헬륨의 경우, 평면의 중심에 빨간색 레고와 파란색 레고를 붙이면 어째서인지 매우 안정적인 모양이 된다. 그래서 수소 원자에는 없었던 파란색 레고를 어떻게든 갖고 있으려 한다. 이때 전기적으로는 노란색 레고 두 개를 더해 균형을 잡는다.

결과적으로 수소는 '빨간색 레고1 + 노란색 레고1'이지만 헬륨은 '빨간색 레고2 + 파란색 레고2 + 노란색 레고2'로 레고를 여섯 개나 사용한다(그림4-3). 양성자 가족(빨간색 레고)이 두 집, 중성자 가족(파란색 레고)이 두 집으로 합계 네 집이나 되니 작은 마을이나 다름없다. 이때 무게를 비교하면 헬륨은 수소의 약 네 배다. 레고 개수로는 세 배지만 전자(노란색 레고)의 질량이 양성자와 중성자에 비해 상당히 작기 때문이다.

원자번호 3번인 리튬Li부터는 헬륨의 공정과 마찬가지로 빨간색 레고를 한 개씩 늘려 나간다. 노란색 레고도 빨간색 레고와 동일하게 늘어나 전기적으로 중성이 되게 한다. 다만 원자번호가 커지면 원형인 파란색 레고(중성자)가 빨간색 레고보다 큰 편이 안정적이기 때문에 파란색 레고를 한 개 정도 더 늘린다.

물리학에서는 빨간색 레고와 파란색 레고가 붙어서 안정된 것을

그림4-3 레고로 만든 마을과 도시

헬륨(양성자 2 + 중성자 2)

빨간색 레고2 + 파란색 레고2 + 노란색 레고2로 만든 헬륨 마을

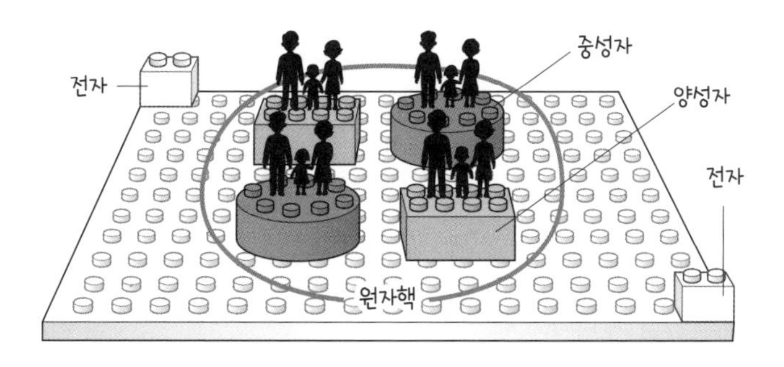

베릴륨 Be(양성자 4 + 중성자 5)

빨간색 레고4 + 파란색 레고5 + 노란색 레고4가 입체적으로 겹쳐진 베릴륨 도시

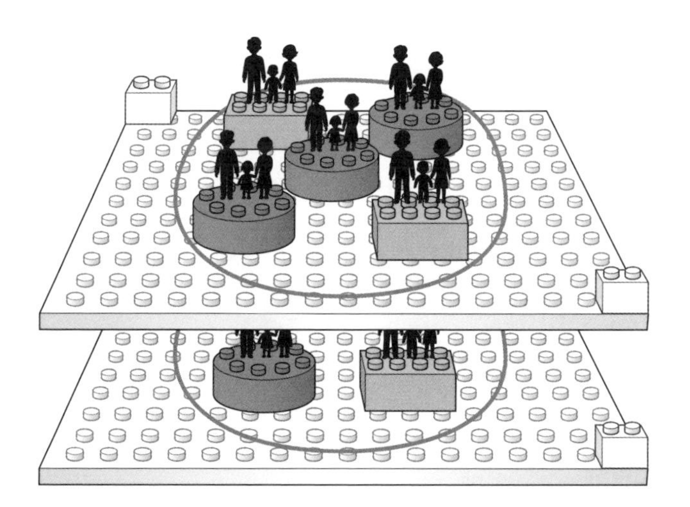

'원자핵'이라고 부른다. 그리고 노란색 레고, 즉 전자가 원자핵 주위를 빙글빙글 돈다. 이것이 학교에서 가장 작은 입자라고 가르치는 원자의 모습이다.

이처럼 수소 원자의 구조는 단순하지만 그 다음 원자인 헬륨부터는 일정한 규칙으로 레고 수를 점점 늘려 나가면 원자번호도 점점 커져서 갈수록 무거운 원소를 만들 수 있다. 이렇게 설명하니 참 잘 만들어진 체계라는 생각이 들어 새삼 감탄하게 된다. 레고 집은 점점 불어나 작은 마을에서 큰 거리가 되고 나아가 도시가 된다. 이런 성질은 인간 사회와도 비슷하다.

우리는 어디에서 왔는가?

그렇다면 대체 누가 이런 규칙을 정해 원소를 만드는 것일까? 신? 아니, 신을 언급하기는 아직 이르다. 모든 것을 논리로 설명하고 싶어 하는 물리학자로서 '우주 그 자체'가 원소를 만들고 있다고 대답하고 싶다. 아무것도 없는 '무'에서 우주가 탄생한 뒤 '10^{-34}초' 사이에 쿼크가 만들어졌다고 생각된다. 당시 우주는 고온, 고밀도였기 때문에 쿼크는 걸쭉하게 녹은 진한 수프 같은 상태였다. 이 상태로 3분 정도 끓자 수소와 헬륨이 탄생했다. 우주가 만든 최초의 원소는 컵라면 같은 것이었다.

수소와 헬륨은 우주 공간에서는 가스처럼 존재했다. 이 가스가 조금씩 한 곳에 모여서 별이 되었다. 여기에서 말하는 별은 스스로 빛을 내는 항성star을 뜻한다. 헬륨보다 무거운 원소는 별에서 만들어졌다. 별은 자신의 무게 때문에 압력이 가해져서 레고 덩어리가 주먹밥처럼 뭉쳐지면 빨간색 레고가 하나씩 늘어나 주기율표에 있는 다음 원소로 승급되는 것이다.

그러나 별이 만들 수 있는 원소는 원자번호 26번 철Fe까지다. 철보다 무거운 원소는 조금 슬픈 이야기지만 지금까지 원소를 만들어 준 큰 별이 죽어야 비로소 만들어진다. 거대한 별은 자신의 무게에 짓눌리다 더이상 형태를 유지할 수 없게 되어 폭발한다. 이러한 별의 죽음을 '초신성 폭발'이라고 한다. 이때 발생하는 엄청난 에너지의 영향으로 우주에 흩어져 있던 레고(원소)들이 합성되어 원자번호 27번 코발트Co 이후의 원소(무거운 원소라고 한다)가 만들어진다. 우리 손가락에서 빛을 내고 있는 금Au(원자번호 79번)이나 백금Pt(원자번호 78번)도 별의 자폭으로 만들어졌다고 생각하면 조금 안타까운 기분이 든다.

원소 주기율표란 이런 방식으로 만들어진 원소의 카탈로그다. 예를 들어 인간을 포함한 생물은 주로 수소, 탄소, 질소, 산소로 구성되어 있다. 고층 빌딩은 '빨간색 레고26 + 파란색 레고30'으로 구성된 철로 만든다(높게 쌓으려면 원형의 파란색 레고가 많은 편이 안정적이다). 또한 철은 언뜻 관계가 없어 보이는 동물의 몸속에서도 산소와 달라붙어 혈액 속에서 흐르고 있다.

이처럼 아무리 복잡한, 도저히 신의 창조로밖에 생각되지 않는 물질도 분해하면 아주 적은 종류의 레고를 조합한 것에 불과하다. 이러한 사실은 생각을 곱씹을수록 쉽게 수긍이 가지 않는 경이로운 일이다. 참고로 원소 주기율표에 나와 있는 원소로 구성되는 물질을 총칭해서 '중입자'baryon라고 부른다. 이 세상에서 우리가 알고 있는 모든 물질은 중입자다.

이처럼 양자세계로 눈을 돌리면 '우리는 어디에서 왔는가?'라는 근원적인 의문에 어느 정도는 답할 수 있다. 우리 몸을 이루고 있는 원소는 별에서 탄생했고, 별이 죽으면서 다종다양해졌다. 흔히 죽는 것을 '하늘의 별이 되었다'라고 표현하는데, 이 말을 별이 듣는다면 "반대야, 그 반대라고!" 하며 바로잡고 싶어 할지도 모른다.

"우리가 죽어서 너희들이 생긴 거야!"

SF 영화를 보면 종종 "이 행성에서 지구에는 없는 새로운 금속을 발견했다." 같은 이야기가 나온다. 하지만 그런 금속도 분해해 보면 반드시 원소 주기율표에 있는 원소의 조합이다. 그런 의미에서 원소 주기율표는 외계인과 대화를 나눌 때 공통 화제로 삼기 유용할 것이다. 서로의 말은 이해하지 못해도 지구에서 사용하는 원소 주기율표를 보여 주면 '아아, 이걸 알고 있다면 이야기가 빠르겠군' 하면서 틀림없이 커뮤니케이션이 원활해질 것이다. 그러니 외계인과 친해지기 위해서라도 화학을 다시 공부해 보면 어떨까?

지구인이 아직 풀지 못한 어려운 문제도 있다. 우리가 이 세상 모든 물질이라 믿는 중입자는 우주 전체의 관점에서 보면 지극히 소수파에 불과하다. 우리는 이 사실을 20세기 끝자락에 알게 되었다.

우주의 모든 물질 가운데 중입자가 차지하는 비율은 5퍼센트도 되지 않는다. 우주는 중입자의 다섯 배나 되는 '암흑물질'dark matter, 중입자의 14배로 우주의 69~70퍼센트를 차지하는 '암흑에너지'dark energy 같은 괴이한 것들에 지배당하고 있다. 그러나 우리는 이들의 정체를 전혀 알지 못한다. 과연 우주에서 이런 괴이한 것들에 대해 이미 알고 있는 지적 생명체가 얼마나 있을까? 그렇게 생각하면 고작 5퍼센트에 불과한 중입자 세계의 작은 행성에서 다투고 있을 때가 아니라는 생각이 든다.

소립자의 터널 효과

다시 한번 말하지만 세계는(적어도 지금 우리가 알고 있는 세계는) 소립자로 구성되어 있다. 그리고 지금까지는 이 사실을 실감할 수 있는 이야기를 해 왔다. 사실 양자역학의 진수는 지금부터다. 지금부터는 실감하기 거의 불가능한 세계를 다룬다. 자연계에는 미시와 거시라는 두 가지 세계가 있다. 우리가 살고 있는 거시세계에서 통하는 상식으로는 믿기지 않는 일이 양자역학이라는 미시세계에서는 평범하게 일어나고 있다.

이미 알고 있는 독자도 많겠지만 양자역학에서 가장 이해할 수 없는 점은 소립자가 '입자'이기도 하고 '파동'이기도 하다는 사실이다. 이 말을 듣고 구체적으로 이미지를 그릴 수 있는 사람이 있을까? 소립자 속에 입자인 부분과 액체처럼 파동인 부분이 있다든가, 소립자가 경우에 따라 입자가 되었다가 파동이 되었다가 하는 것이라면 그나마 상상이 되겠지만 그런 게 아니라 입자와 파동의 성질을 '동시에 갖고 있는' 것이다. 뒤에서 이야기하겠지만 이 성질이야말로 시간의 본질과 관계가 있다.

입자이기도 하고 파동이기도 한 소립자의 성질이 일으키는 현상으로는 '물체 속을 빠져나온다', '동시에 두 장소에 존재할 수 있다' 등이 있다. 공상과학 같은 이야기지만 전부 실제로 자연계에서 일어나고 있고 과학적으로 확인된 현상이다.

가령 도로에서 자동차를 시속 300킬로미터로 달리다 급커브를 꺾는다면 F1 레이서가 아닌 이상 벽에 충돌하거나 사람을 치어서 큰 사고가 날 것이다. 만약 양자세계에서 소립자가 되어 똑같이 운전한다면 사고가 일어나지 않을 수도 있다. 운전자(소립자)는 벽이나 사람을 지나 건너편으로 나갈지도 모른다.

그림4-4 터널 효과

벽 너머로 몸이 스며 나온다(어떻게 나오느냐는 벽 두께에 따라 달라진다).

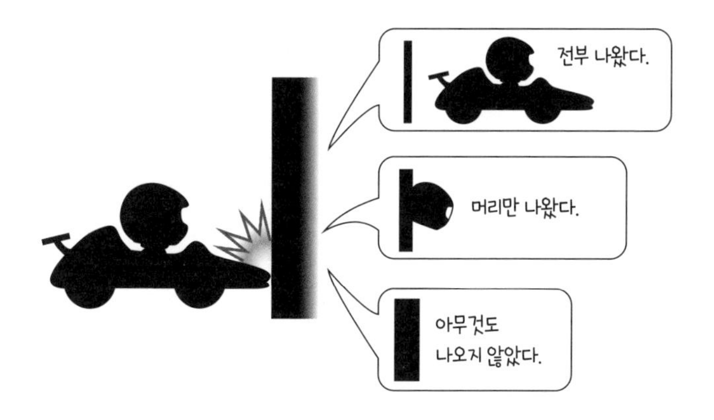

이유는 운전자가 파동이기도 하기 때문이다. 파동에는 '회절'이라고 해서 장해물이 있어도 돌아 들어가서 나아가는 성질이 있다. 휴대전화 등의 전파나 다양한 소음이 벽을 빠져나와 전해지는 게 회절 때문인데, 이와 같은 일이 운전자에게도 일어날 수 있다. 이를 '터널 효과'라고 한다.

다만 '빠져나온다'라기보다 '스며 나온다'에 가깝다. 벽에 충돌한 운전자의 몸은 서서히 벽 속으로 사라진다. 그리고 반대편으로 나올 때는 벽 두께에 따라 온몸이 나올 때도 있고, 머리만 나온다든가, 셋째 손가락과 새끼손가락만 나온다든가, 혹은 아예 나오지 않을 수도 있다(그림4-4). 이렇듯 양자세계는 참으로 기묘하다.

소립자의 불확정성 원리

그렇다면 '동시에 두 장소에 존재할 수 있다'라는 말은 대체 무슨 뜻일까? 소립자에는 '어떤 시각에 어떤 위치에 존재하는지를 명확히 결정할 수 없다'는 이해하기 어려운 성질도 있다. 좀 더 정확히 말하면 소립자의 위치와 속도는 동시에 결정되지 않는다. 위치가 결정되면 속도가 결정되지 않고, 속도가 결정되면 위치가 결정되지 않는다.

이를 물리학에서는 '불확정성 관계'라고 한다. 속도란 위치를 시간으로 나눈 것이므로 시간과 위치 사이에 이해할 수 없는 관계가 있다고도 할 수 있다. 너무나도 이상한 시소 같은 관계 덕분에 소립자는 같은 시각에 여러 장소에 존재할 수 있다(그림4-5).

왜 이런 일이 일어나는지 이해하기는 매우 어렵다. 그래도 어렴풋이나마 이해하고 싶다면 소립자가 딱딱한 구형이나 입자 모양이 아니라 구름이나 안개처럼 퍼져 있는 상태로 존재하며 그 속의 어디에 있는지는 확률적으로 결정된다고 생각하는 편이 좋을지도 모른다. 예를 들어 원자핵 주위를 빙글빙글 도는 전자도 위치를 확정할 수 없다. 전자가 도는 궤도 주변에 역시 구름이나 안개처럼 자욱하게 존재한다는 것이 현재 물리학자들이 쓸 수 있는 최대한의 표현이다(그림4-6).

참고로 '위치와 속도의 불확정성 관계'는 '위치와 운동량의 불확정

그림4-5 불확정성 관계

어느 한쪽이 결정되면 다른 쪽이 결정되지 않는다.

그림4-6 전자의 존재 방식

왼쪽 그림처럼 생각하겠지만 사실 전자는 오른쪽 그림처럼 자욱하게 존재한다.

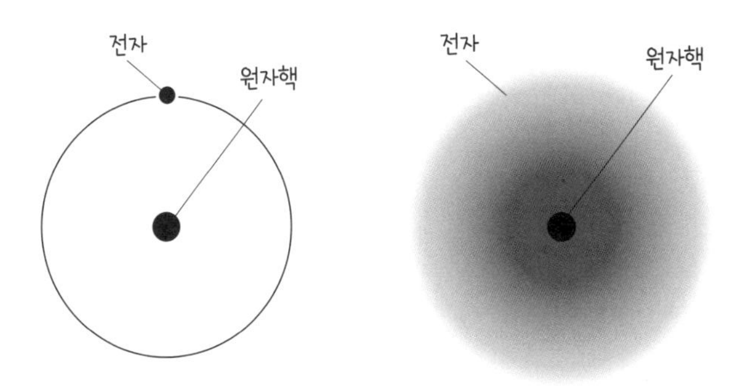

성 관계'라고도 말할 수 있다. 속도를 운동량으로 볼 수도 있기 때문이다. 소립자의 위치가 결정되었을 때, 소립자는 운동 속도가 결정되지 않을 뿐만 아니라 애초에 운동을 하고 있는지조차 결정되지 않는다. 그런 의미에서는 '위치와 운동량의 불확정성 관계'라고 부르는 편이 좀 더 정확한 표현이다.

양자역학에서는 이런 불확정성 관계가 종종 발생한다. 소립자의 성질은 1927년 베르너 하이젠베르크가 발견했다. 그래서 이 성질을 '하이젠베르크의 불확정성 원리'라고 부르기도 한다.

소립자가 주인공인 미스터리 소설을 하나 소개하겠다. 1965년에 노벨 물리학상을 받은 도모나가 신이치로朝永振一郎가 쓴 〈광자 재판〉이라는 단편 소설이다(《양자역학적 세계상》에 수록). 내가 소속된 쓰쿠바대학교(당시 도쿄교육대학교) 학장을 역임한 도모나가 박사는 물리학자로서뿐만 아니라 대중에게 과학 지식을 알기 쉽게 설명하는 이야기꾼으로도 대단한 인물이다.

법정에서 검사가 어떤 죄(아마도 살인)를 저지른 혐의로 체포되어 피고가 된 '나미노 미쓰코'波乃光子에게 범행 시간의 알리바이에 관해 물었다.

"그 시각에 피고가 A지점에 있었던 것을 목격한 사람이 있습니다. 그런데도 피고는 B지점에 있었다고 주장하고 있습니다. 이는 모순이 아닙니까?"

검사가 이렇게 묻자 미쓰코는 이렇게 답했다.

"저는 그 시각에 A지점에도 있었고 B지점에도 있었습니다."

자신이 동시에 두 장소에 존재했다며 알리바이가 있다고 주장한다. 법정에 있는 모두가 할 말을 잃은 가운데, 미쓰코는 물결처럼 움직이며 두 창문을 통해 동시에 밖으로 나가 버린다.

이미 눈치챈 사람도 많겠지만 '미쓰코'光子는 빛을 만드는 소립자를 뜻한다(나미노波乃의 나미波는 파동을 뜻한다.—옮긴이). 미쓰코는 이름처럼 파동으로서의 성질을 보여준 것이다. 이 작품은 소립자의 기괴한 움직임을 서스펜스 드라마처럼 이야기해 주니 양자역학에 입문하고 싶다면 한번 읽어 보기 바란다.

미래는 확률로만 예언할 수 있다

양자역학에 황당하다는 표현을 사용한 이유를 이제 이해했으리라 믿는다. 이처럼 소립자의 세계에서는 우리의 직관이 전혀 통하지 않는다. 도저히 머릿속에 이미지를 그릴 수가 없다고 느꼈다면 올바른 감상이다. 세상에는 이미 수많은 양자역학 입문서가 나와 있다. '양자역학이란 이런 것이구나'라는 생각이 들도록 잘 풀어낸 책도 존재한다. 그런 책들에 비해 내 표현이 서투를 수 있다. 그러나 애초에 양자역학을 말로 표현하는 것 자체가 무리다. 내가 생각하기에 정말로 양자역학을 제대로 이해하고 있는 사람은 물리학자 중에도 없다. 억지로 표현하려고 하면 어딘가에서 오해를 낳을 우려가 있다. 섣불리 이해한 듯한 기분이 들기보다는 '이런 걸 내가 어떻게 이해하겠어!'라고 포기하는 편이 낫다.

연극을 보러 가면 무대 위에서 배우들이 연기하는 모습을 감상할 수 있다. 하지만 무대 뒤에서 감독이 어떻게 연출을 하고 리허설을 했는지는 볼 수 없다. 양자역학도 이와 비슷하다. 우리가 할 수 있는 일은 좌석에 앉아서 소립자가 어떻게 움직이는지 현상을 관찰하는 일뿐이다. 소립자가 왜 그런 행동을 하는지 묻는 것은 물론 과학적으로 올바른 태도지만 적어도 지금은 제대로 전할 능력이 없다.

양자역학의 황당한 본질을 가장 잘 표현하는 말은 '확률'이 아닐까 싶다. 이제부터 확률의 반대 개념을 '결정론'이라고 생각하면서 양자역학을 비교해 보자.

앞에서 소개한 뉴턴의 운동 방정식과 아인슈타인의 상대성 이론은 방정식으로 나타낼 수 있었다. 방정식이란 본질적으로 시간에 따른 변화를 전제로 한다. 따라서 어떤 시각에서의 상태를 미분 방정식 형태로 쓰면 미래 어떤 시각에서의 상태를 확정적으로 예언할 수 있다. 다시 말해 현재를 알면 반드시 미래를 예측할 수 있다. 이것이 결정론이라는 사고방식이다. 뉴턴은 우리를 둘러싼 자연계의 미래를 결정론적으로 예측할 수 있도록 했고, 아인슈타인은 여기에서 더 나아가 광속에 가까운 속도나 블랙홀 급의 중력이 있는 우주 전체로 결정론을 확대했다.

그리고 양자역학이 등장했다. 미시세계의 소립자 움직임을 기술하는 양자역학에도 물론 방정식이 있다. 우리는 미분 방정식을 통해 미래를 예언할 수 있다. 여기까지는 결정론과 같다. 그런데 양자역학이 예언하는 것은 '반드시 일어나는 미래'가 아니라 '그런 미래가 일어날 확률'이다. 그 미래가 일어날 확률은 100퍼센트가 아니라 일기예보의 강수 확률처럼 60퍼센트이기도 하고 30퍼센트이기도 하다.

양자역학에서는 미래가 한 가지로 결정되지 않는다는 불확정성이 장소를 가리지 않고 출몰해 우리의 직관을 흔들어 놓는다. 가령 뉴턴의 운동 방정식에서 설명했던 공을 수평으로 굴리는 상황을 생각해 보자. 결정론의 세계에서는 공이 어떤 시각에 어느 장소에 있을지가 100퍼센트 결정된다. 그러나 양자역학에서는 공이 어떤 시각에 어디에 있는지를 확률로만 예측할 수 있다. 어떤 장소에는 60퍼센트 확률로 존재하고, 어떤 장소에는 40퍼센트 확률로 존재한다는 식으로 다양한 장소에 존재할 가능성이 있다.

앞에서 소립자가 구름이나 안개처럼 존재한다고 말한 것은 바로 이런 이미지다. 소립자가 물체 속을 빠져나올 때 벽 반대쪽에 얼마나 스며 나올지 알 수 없는 것도 이 불확정성 때문이다.

인과율을 무너뜨릴 수 있는가?

그렇다면 슬슬 이 장의 중심 주제로 들어가 보자. 시간이 역행할 가능성을 추적해 온 우리는 제3장 마지막에서 인과율의 벽에 부딪혀 '역시 시간이 역행하는 건 무리인가' 하고 좌절하기 직전이었다. 아인슈타인이 엄밀하게 고찰한 인과율에 따르면 광속 범위 안에서는 원인에서 결과로, 과거에서 미래로 나아가는 시간의 화살이 존재하며 그 누구도 거스를 수 없다고 생각되었기 때문이다.

그런데 소립자가 만들어 내는 양자역학의 기괴함은 아인슈타인조차 예상하지 못한 것이었다. 양자역학의 출현으로 온갖 기성관념이 근본부터 뒤집혔고, 시간에 관해서도 지금까지 상상도 하지 못했던 황당한 생각이 등장했다.

지금까지 살펴봤듯이 양자역학에는 불확정성 원리가 있고, 시간과 무엇인가가 종종 불확정성 관계에 있었다. 조금 더 구체적으로 말하면 어떤 값을 갖는지가 어떤 범위 속에서 요동친다는 것이다. 그렇다면 만약 시간이 플러스 값과 마이너스 값 사이에서 요동치고 있다면 시간의 화살을 따라서 플러스 방향으로만 나아가던 시간이 우연한 계기로 요동을 쳐 마이너스 방향으로 나아갈 수도 있지 않을까? 다시 말해 시간의 화살 진행 방향이 반대가 되는 것이다!

이처럼 양자역학의 발상을 도입하면 인과율을 무너뜨릴 가능성이 생긴다. 내가 제3장 마지막에서 언급한 '최후의 수단'이 바로 이것이다.

인과율에서 도출되는 결정론을 믿은 아인슈타인은 양자역학이 대두하자 맹렬히 반발했다. 미래가 확률로 결정된다는 생각을 도저히 받아들일 수 없었다. 결국 아인슈타인은 "신은 주사위를 던지지 않는다."라는 유명한 말을 남겼다. 얄궂은 사실은 빛이 광자(광양자)라는 소립자로 구성되어 있음을 발견해 양자역학의 탄생에 공헌한 인물이 바로 아인슈타인 본인이라는 점이다. 그리고 지금은 동물도, 초목도, 쇠나 돌도, 별도 앞에서 살펴봤듯이 빨간색, 노란색, 파란색 레고로 만들어져 있으며 레고들은 불확정적인 소립자 덩어리라는 게 밝혀졌다. 이제 진실을 인정할 수밖에 없다.

"신은 주사위 던지기를 좋아한다! 도박광이다!"

아무래도 이런 모습이 신의 정체인 듯하다(웃음). 확률적인 미래 따위는 불쾌하다는 아인슈타인의 심정은 충분히 이해한다. 이러니저러니 해도 결정론에는 단순하고 질서정연한 아름다움이 있다. 그러나 나는 과거를 통해 결정되는 미래보다 불확정적인 미래가 희망을 품을 수 있어서 더 좋다고 생각한다. 여러분은 어떻게 생각하는가?

양자역학의 기괴한 성질① 에너지는 띄엄띄엄 존재한다

양자역학 덕분에 무적 같았던 인과율을 무너뜨릴 가능성이 보이기 시작했다. 이를 이해했다면 이번 장의 목적은 거의 달성한 셈이다.

제5장부터는 최신 연구 성과를 살펴보면서 시간이 역행할 가능성에 관해 본격적으로 생각해 볼 예정이다. 여기에서는 예고편으로써 앞으로 깊게 파고들 주제를 몇 가지 소개하겠다.

양자역학의 불확정성 관계에서 시간의 파트너로서 매우 중요한 '에너지'가 있다. 시간과 에너지는 서로 얽혀 있는 불가분의 관계다. 시간을 정확히 결정하면 소립자가 가진 에너지 양이 결정되지 않으며, 반대로 소립자의 에너지 양을 결정하면 시간이 정확하게 결정되지 않는다.

이 외에도 양자역학에는 기괴한 성질이 있다.

'에너지 양은 띄엄띄엄한 값을 갖는다.'

우리는 흐르는 물을 보면 빈틈없이 연속적으로 이어진다고 느낀다. 에너지도 무한히 작게 나눌 수 있으며 어떤 값이든 가질 수 있는 연속적인 것이라고 생각해 왔다. 그런데 양자역학에서는 에너지가 연속적이지 않고, 자에 그려진 눈금처럼 띄엄띄엄 불연속적인 값을 갖는다. 최대한 간단하게 설명하면 1의 다음은 1.0000…1이 아니라 2가 되는 식이다. 실제로는 그 값이 매우 작아서 우리는 연속적이라고 착각하는 것이다. 이 또한 금방 이해하기 어려운 이야기다.

만약 '에너지가 불연속적이라는 건 파트너인 시간도 불연속적이라는 뜻이 아닌가?'라고 생각했다면 여러분은 훌륭한 물리학자가 될 자질이 충분하다.

실제로 에너지의 파트너인 시간도 불연속적이라고 생각한 사람이 있다. 시간도 무한히 작게 분할할 수 있는 것이 아니라 최소 단위로 띄엄띄엄 존재하는 게 아닐까? 프롤로그에서 언급한 카를로 로벨리가 이런 기발한 발상을 떠올렸다. 그는 여기에서 더 나아가 '시간 같은 건 존재하지 않는 게 아닐까?'라는 생각에 이르렀고, 자신의 저서 《시간은 흐르지 않는다》에서 이 문제를 제기했다. 이 흥미로운 화제는 시간의 역행과도 큰 관계가 있으므로 뒤에서 자세히 다루겠다.

양자역학의 기괴한 성질② 관측자가 상태를 결정한다

양자역학에는 또 다른 기괴한 성질이 있다. 아니, 이것이야말로 가장 기묘하고 난해한, 지금까지도 해명되지 않은 큰 문제다.

지금까지는 공을 A지점에서 B지점으로 굴리면 누가 보고 있든 보고 있지 않든 공은 A지점에서 B지점으로 굴러갔다. 너무나 당연한 일이라서 내가 지금 무슨 이야기를 하려는 건지 잘 이해가 안 될 것이다. 그런데 양자역학에서 소립자라는 공이 어떻게 굴러가는지는 누가 관측하느냐에 따라서 변화한다. 즉, 어떤 운동이 관측됨으로써 변화한다. 여러분이 봄으로써 세계가 바뀌어 버리는 것이다!

앞에서 이야기했듯이 양자역학에서 시간과 위치 혹은 시간과 에너지는 불확정성 관계이며 떼려야 뗄 수 없는 파트너다. 그리고 관측자와 관측되는 대상도 같은 관계로 서로 얽혀 있다(이렇게 말해도 머리가 혼란스러울 뿐이겠지만). 관측되는 대상이 어떤 상태에 있는지는 관측되지 않는 한 한 가지로 결정되지 않는다. A지점에서 B지점으로 굴러가고 있거나, A지점에서 멈춘 상태이거나, 어딘가에서 통통 튀면서 돌아다니고 있을지도 모른다. 다양한 상태가 각각 어떤 확률을 갖고 동시에 존재한다. 이때 관측자가 관측함으로써 대상의 상태는 한 가지로 결정되며, 일단 결정되면 그 이외의 가능성은 일순간에 소멸해 버린다.

이 사이비 과학 같은 발상이 양자역학에서는 '고전적인 가설'로 여겨지고 있으니 놀라울 따름이다. 한편으로 새로운 발상이 등장했는데, 관측을 하더라도 다양한 가능성이 소멸하지 않고 동시에 존재한다는 것이다! 그야말로 SF 소설이나 영화에 자주 나오는 '평행 세계' 그 자체다.

이를 '양자역학의 해석 문제'라고 부른다. 지금도 최전선에서 연구자들이 두 해석 중 어느 쪽이 정말로 옳은지를 놓고 진지하게 논쟁을 벌이고 있다(어느 설이 옳든 믿기지 않기는 매한가지다).

이 문제에 관해 생각하는 사고실험이 바로 '슈뢰딩거의 고양이'다. 여러분도 한 번쯤 들어 봤을 것이다. 1935년에 에르빈 슈뢰딩거는 다음과 같은 상황을 생각했다(그림4-7).

밖에서는 내부가 보이지 않는 상자에 고양이를 한 마리 집어넣고, 상자 안을 방사성 물질인 라듐Ra으로 가득 채운다. 그런 다음 청산 가스 발생 장치와 방사선량 측정 장치를 집어넣고 이 둘을 연결한다. 라듐이 알파 붕괴를 일으켜 방사선(알파선)을 방출하면 방사선량 측정 장치가 이를 감지하고 청산 가스 발생 장치를 가동해 청산 가스가 나오도록 만든 것이다.

알파 붕괴가 일어나면 상자 안은 청산 가스로 가득 찬다. 그러면 고양이는 확실히 죽는다. 그리고 한 시간 사이에 라듐이 알파 붕괴를 일으킬 확률은 50퍼센트라고 가정한다. 즉, 한 시간 후에 고양이가 살아 있을 확률과 죽었을 확률은 각각 50퍼센트다. 참으로 잔혹한 설정이어서 아이들에게 양자역학을 설명할 때 어떤 표정을 지으며 이 이야기를 해야 할지 항상 고민하게 된다.

어쨌든 이 사고실험의 포인트는 라듐의 알파 붕괴는 소립자적 규모의 현상이므로 알파 붕괴가 '일어난 상태'와 '일어나지 않은 상태' 중 어느 하나로 결정되지 않고 절반씩의 확률로 동시에 존재한다는 것이다. 어느 한쪽으로 결정되는 때는 여러분이 상자를 열어서 안을 관측했을 때다. 관측자인 여러분의 책임이 중대하다.

그림4-7 슈뢰딩거의 고양이

고양이의 생사는 여러분이 관측할 때까지 결정되지 않는다.

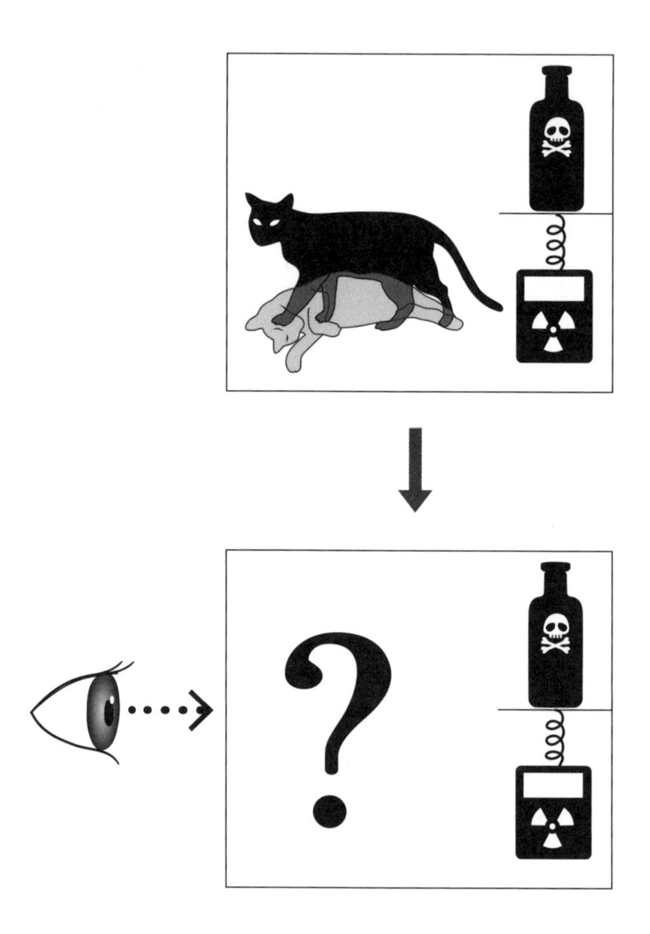

슈뢰딩거는 이 사고실험을 통해 다음과 같은 말을 하고 싶었던 모양이다.

"미시세계의 소립자라면 몰라도 거시세계의 고양이에게 살아 있는 상태와 죽은 상태가 동시에 존재할 수 있는가? 관측에 따라 고양이의 생사가 결정된다는 것은 무리가 있지 않을까? 대체 미시세계와 거시세계의 경계는 어디에 있는가?"

슈뢰딩거는 자신도 양자역학을 연구하고 있었지만 이 이론에는 아직 결함이 있다고 생각한 듯하다. 사실 그의 날카로운 지적에 대한 답은 아직 나오지 않았다. 게다가 고찰이 더욱 진행되어서 현재는 다음과 같은 근본적인 문제도 제시되고 있다.

우주가 탄생했을 때 우주는 인플레이션(급팽창)이라는 현상을 통해 급격히 팽창했는데, 팽창한 우주는 완전히 균일하지 않고 아주 조금이지만 얼룩(불균일)이 있었다. 이 얼룩이 우주 구조의 씨앗이 되어 은하와 별을 탄생시켰고 우주를 풍요롭게 만들었다. 우리가 존재하는 건 그 덕분이다.

여기에서 의문이 샘솟는다. 이 얼룩은 양자역학의 대상이 되는 극소 규모의 존재였다. 즉, 어떤 상태인지가 확률적으로밖에 결정되어 있지 않았다. 얼룩이 우주 구조의 씨앗으로서 실체를 갖게 된 이유는 무엇일까? 고전적인 양자역학의 발상에 따르면 얼룩을 누군가가 관측했기 때문이다. 그러나 갓 탄생한 우주에서 대체 누가 관측을 했단 말인가?

여기까지 오면 역시 신이라는 답에 의지하고 싶어진다. 이 어려운 문제에 관해서는 뒤에서 좀 더 깊게 생각해 보자.

시간도 소립자로 구성되어 있을까?

양자역학은 우리가 생각하는 것 이상으로 광범위한지도 모른다.

'우리는 연인 사이일까? 아니면 아직 친구 사이일까?'

이렇게 마음이 흔들리는 이유는 뇌의 소립자에 불확정성 관계가 있기 때문이라는 증거가 언젠가는 밝혀질지도 모른다. 사실 이런 흔들리는 상태는 양자 컴퓨터에서 매우 유용하게 이용된다.

이 장의 앞부분에서는 이야기를 단순화하기 위해 소립자가 세 종류라고 말했지만 엄밀히 말하면 소립자는 열일곱 종류에 이르는 것으로 생각된다. 이 가운데 아홉 종류가 현실 세계에 존재하는 물질의 90퍼센트 이상에 관여하고 있다. 꽤 종류가 많다. 이런 부품의 다양함이 양자역학의 범위를 넓히고 있다고도 할 수 있다. 만약 고대의 아리스토텔레스가 이 말을 들으면 이렇게 꾸짖을지도 모른다.

"자연이 그렇게 복잡할 리가 있느냐? 역시 내가 생각한 5원소가 옳으니라!"

이 세상을 만들기 위해서는 이들 소립자와 함께 중력 같은 힘, 시간이나 공간 등의 그릇 같은 아이템이 따로 필요하다. '세계를 쉽게 만들 수 있다'라고 홍보하는 유료 사이트에 회원 등록을 했는데 막상 가입해 보니 '세계를 만든다'라는 버튼을 클릭하려면 돈을 더 내야 하는 꼴이다. 세계를 만들기는 쉬운 일이 아닌 것이다.

그러나 어쩌면 추가 요금을 내는 건 한 번으로 족할지도 모른다. 사실 힘도 소립자로 구성되어 있다. 시간도 어쩌면 소립자 같은 것의 집합체일 수도 있다. 그렇다면 세계를 만들기 위해서는 소립자를 한 번 구매하는 것으로 충분한데 과연 어떨지…. 이 문제도 뒤에서 좀 더 다루겠다.

시간에 관해 생각하는 데 필요한 물리학 이야기는 일단 여기까지다. 특히 양자역학이 고대부터 이어진 시간에 관한 생각들을 타파했다는 사실은 꼭 기억하길 바란다. 제5장부터는 드디어 최신 연구 성과를 살펴보면서 시간의 역행에 관해 생각해 보자.

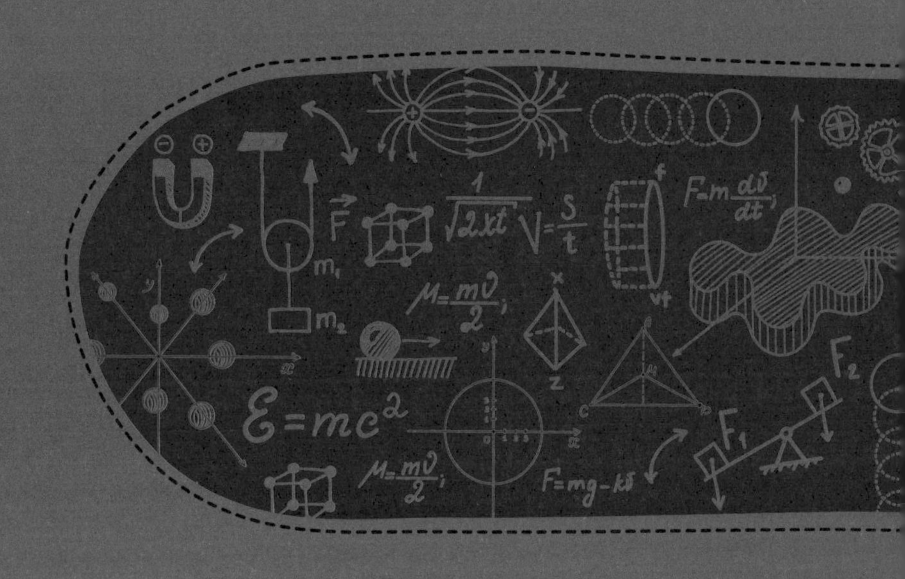

$\mathcal{E}=mc^2$
$F=m\frac{dv}{dt}$
$V=\frac{S}{t}$
$F=mg-kv$
F_1
F_2
m_1
m_2

제5장

숙적 엔트로피와의 대결

이제 준비 운동을 마치고 본론으로 들어가자. 이번 장의 제목을 보고 당황스러웠을 수도 있겠다. 최종 보스같은 느낌으로 소개한 엔트로피가 시작부터 모습을 드러냈기 때문이다. '너무 이른 거 아니야?'라고 걱정이 될지 모르지만 엔트로피와는 앞으로 수없이 대결해야 하므로 미리 대면해 보는 것도 나쁘지 않을 것이다.

그러면 이 여행에서 최대 고비 중 하나가 될 부분까지 단숨에 진행하겠다!

영구 기관을 향한 도전

제일 먼저 시작할 이야기는 '영구 기관'perpetual mobile이다. 언뜻 시간과는 관계가 없어 보이지만 사실은 깊은 관련이 있으니 조금만 참고 따라와 주기 바란다.

영구 기관이란 멈추지 않고 달릴 수 있는 자동차, 쉬지 않고 물을 끓일 수 있는 주전자, 지치지 않고 악과 싸울 수 있는 로봇 등 영원히 어떤 일을 계속할 수 있는 시스템을 의미한다. 다만 이때 중요한 점은 그 일을 하기 위한 에너지를 어딘가에서 받지 않고 스스로 조달해야 한다. 이게 핵심이다.

만약 그런 시스템이 존재한다면 인류는 에너지 문제로 고민할 필요가 없다. 전쟁도 사라질지 모른다. 18세기 과학자들은 진심으로 그런 꿈을 꿨다. 영구 기관을 개발해야 한다며 혈안이 되었는데 과거 연금술 열풍과도 유사했다.

그러나 무에서 유를 창조하는 물건을 만드는 건 불가능했다. 여러분이 학교에서 배웠던 '에너지 보존법칙'(외부의 힘이 영향을 끼치지 않는 고립된 물리계에서는 에너지가 어떤 형태로 변화하든 그 총량이 일정하게 유지된다는 법칙 — 옮긴이)에 위반되기 때문이다. 어딘가에서 에너지를 받지 않으면 조달할 에너지 자체가 없다는 뜻이다. 이 시점에 단념되었던 영구 기관을 '제1종 영구 기관'이라고 한다.

인류는 포기하지 않았다. '그렇다면 기계가 작동할 때 열이 발생하니까 그 열을 전부 회수해 뒀다가 다음에 일할 때 에너지로 사용하면 어떨까?'라고 생각했다. 이 방법이라면 에너지를 열 → 일 →

열 → 일…로 변환할 뿐 무에서 유를 만들어 내는 건 아니므로 에너지 보존법칙을 위배하지 않으면서 영구 기관을 실현할 수 있다는 생각이었다. 이 경우의 핵심은 에너지를 변환할 때 낭비가 없어야 한다는 것이다. 즉, 열효율이 100퍼센트여야 한다. 조금씩이라도 에너지가 줄면 결국 에너지가 없어지기 때문이다. 과학자들은 또다시 두 번째 방법으로 영구 기관을 만들고자 혈안이 되어 연구에 몰두했다. 연구 대상이 '열'이기 때문에 이 분야를 '열역학'이라고 부른다.

19세기 전반, 7월 혁명 직전의 프랑스 파리에서 한 젊은이가 중요한 발견을 했다. 군인이자 기술자이기도 했던 그는 최대한의 효율로 열에너지를 일에너지로 변환하는 가상 시스템을 고안했다. 이 시스템은 그의 이름을 따서 '카르노 사이클'carnot cycle로 불렸다. 또한 그는 이 시스템을 만드는 과정에서 어떤 방법으로도 열효율이 100퍼센트가 되는 시스템은 절대 만들 수 없다는 사실을 발견했다.

그 젊은이는 프랑스 물리학자 사디 카르노Sadi Carnot다(그림5-1). 그는 이렇게 말했다.

"열의 흐름에서 이끌어 낼 수 있는 동력의 양에는 원리적인 한계가 있다."

'카르노의 원리'라고 불리는 이 발견은 두 번째 방법을 채용한 영구 기관 역시 만들 수 없음을 암시했다. 이런 영구 기관을 '제2종 영구 기관'이라고 부른다. 현재까지 영구 기관을 발명하기 위해 수많

그림5-1 사디 카르노

은 아이디어가 나왔지만(지금도 이따금 "영구 기관을 발명했다."라고 주장하는 사람이 있는 모양이지만) 전부 불가능하다고 실증되었다.

그러나 카르노의 원리가 지닌 가치는 이뿐만이 아니었다. 여기에는 세계를 바라보는 시각을 바꿔 버리는 커다란 의미가 숨어 있는데, 당시에는 아무도 눈치채지 못했다. 카르노는 36세 젊은 나이에 세상을 떠났다. 사인이 콜레라였기 때문에 카르노의 모든 유품이 소각되고 말았다.

엔트로피의 탄생

불우한 환경 속에서 생을 마감한 카르노가 세상에 남긴 얼마 안 되는 유품 가운데는 그가 열에 관한 고찰을 정리해 자비로 출판한 소책자가 있었다. 《불의 동력 및 그 힘의 발생에 적당한 기계에 관한 고찰》Réflexions sur la puissance motrice du feu et sur les machines propres ādévelopper cette puissance이라는 제목의 책으로, 현재 세계 최초의 열역학 연구서로도 평가받고 있다.

카르노의 책은 바람을 타고 날아가는 꽃가루처럼 퍼져 나가 몇몇 과학자의 손에 들어갔다. 독일 물리학자 루돌프 클라우지우스Rudolf Clausius(그림5-2)도 그중 한 명이었다. 클라우지우스는 카르노의 원리를 읽고 왜 그런지를 연구했다. 열에너지와 일에너지가 교환될 때 발생하는 온도 변화에 주목한 그는 이런 결론에 도달했다.

"열은 자발적으로 저온에서 고온으로 이동하지 않는다."

바로 물리학 역사에 불멸의 이름을 새긴 '열역학 제2법칙'이다. 열에너지는 온도 차가 있으면 반드시 차이를 없애는 방향으로 이동한다. 이때 가만히 내버려 두면 반드시 온도가 높은 쪽에서 낮은 쪽으로 이동한다. 그런데 카르노 사이클에서 일에너지가 열에너지로 변환되는 것은 저온의 물체에서 고온의 물체로 에너지를 옮기는 것이므로 온도의 자발적인 흐름에 역행하게 된다. 그래서 에너지를 더

그림5-2 루돌프 클라우지우스

소비하게 되므로 100퍼센트 열효율을 실현하기가 불가능한 것이다. 이렇게 해서 클라우지우스는 카르노의 원리를 설명하는 데 성공했다(그렇다면 '열역학 제1법칙'은 뭐냐고 궁금해하는 사람도 있을 텐데, 열역학 제1법칙은 에너지 보존법칙과 같다).

클라우지우스는 여기에 만족하지 않고 연구를 더 진행했다. 온도가 높은 쪽에서 낮은 쪽으로 이동할 때, 사실 무엇이 이동하는 것일까? 온도란 표면적인 현상에 불과하며 무엇인가 더 본질적인 것이 숨어 있지 않을까? 이런 그의 탐구심이 열역학 제2법칙을 우주에서 가장 중요한 법칙 중 하나로 만들었다.

클라우지우스는 온도가 이동할 때 좀 더 본질적인 '무엇인가'가 이동한다고 가정했다. 그리고 이 '무엇인가'를 크기를 가진, 계산할 수 있는 물리량으로 취급하자고 생각했다. 그러려면 이름이 필요한데 '변환'을 의미하는 그리스어 '트로페'τροπη에 착안해 '무엇인가'를 '엔트로피'라고 명명했다.

엔트로피가 무엇인가에 관해서는 제2장에서 블랙커피에 우유를 떨어트리는 비유로 설명한 바 있다. 간단히 말하면 엔트로피는 난잡함이나 질서 없음을 나타내는 개념이다. 커피에 우유를 떨어트리기 시작했을 때 컵은 아직 혼잡함이 적은 질서가 높은 상태다. 우유가 퍼져서 섞인 컵은 난잡함이 증가하고 질서가 낮아진 상태다. 이대로 가만히 내버려 두면 컵은 점점 혼잡함이 증가하며 질서를 잃는다. 이를 '엔트로피의 증가'로 보는 것이다.

열역학 제2법칙에서는 가만히 내버려 두면 온도가 높은 쪽에서 낮은 쪽으로 열에너지가 이동한다고 했는데, 클라우지우스에 따르면 온도는 가만히 내버려 두면 엔트로피가 작은 상태에서 큰 상태로 이동하는 것과 같다. 즉, 열역학 제2법칙의 주어를 엔트로피로 바꾸면 '엔트로피 증가의 법칙'이 완성된다.

엔트로피 증가의 법칙이 가져다 준 의미는 이루 헤아릴 수 없을 정도다. 전 세계 물리학자가 자신의 책상이 금방 어질러지는 데 대한 변명으로 이 법칙을 이용한다…는 농담이고, 이 법칙의 심원한 의미는 다음과 같은 부분에 있다.

제2장에서 "방정식은 과거와 미래를 구별하지 않는다."라고 말한 것을 기억하는가? 자연계의 상태를 기술하는 방정식이 시간이 흐르는 방향까지는 결정하지 않는다. 그런데 엔트로피 증가의 법칙만은 시간이 흐르는 방향을 결정한다. 열에너지는 온도가 높은 쪽에서 낮은 쪽으로, 즉 엔트로피가 작음에서 큼으로 이동하는 현상에 반대는 있을 수 없으니 과거와 미래가 확정적으로 구별되는 것이다.

낙하 운동을 예로 들어 보겠다. 공이 높은 곳에서 낮은 곳으로 떨어지는 현상도 언뜻 과거와 미래를 구별할 수 있는 듯 생각된다. 지구에서의 중력은 위에서 아래라는 한 방향으로만 작용하기 때문이다. 그러나 지면에 부딪혀 튀어 오른 공은 위로 다시 올라갈 수도 있다. 다시 말해 어떤 정지된 순간의 공만 봐서는 위아래 중 어느 쪽이 과거이고 어느 쪽이 미래인지 판단할 수 없다. 그러나 온도 차가 있는 두 물체 사이에서 발생하는 열의 이동은 명확히 일방통행하는 흐름이 보인다. 서모그래피thermography(물체에서 방사되는 적외선을 분석해 열의 분포를 나타낸 영상 혹은 그 영상을 만들어내는 장치 — 옮긴이) 등으로 온도를 가시화할 수 있으면 높은 고온의 물체를 가만히 두면 물체의 온도가 내려가서 온도가 높은 쪽이 과거, 온도가 낮은 쪽이 미래다. 반대는 절대 있을 수 없다. 즉, 여기에는 시간의 화살이 있는 것이다.

바로 이것이 열역학 제2법칙, 엔트로피 증가의 법칙이 지니는 본질적 의미다. 우리가 아는 한 우주에서 엔트로피만은 불가역적 물리량이다. 이 사실을 나타내기에 열역학 제2법칙은 위대하다(시간의 역행 가능성을 모색하려는 우리에게는 골치 아픈 상대이지만).

그런데 클라우지우스는 엔트로피를 나타내는 기호로 엔트로피와는 관계가 없어 보이는 문자인 'S'를 사용했다. 어떤 인물에게 경의를 표하기 위해서다. 'S'는 바로 사디 카르노의 머리글자다. 세상에서 거의 회고되지 않았던 이름은 이렇게 해서 불멸의 법칙에 각인되었다.

과학의 역사에 남은 위대한 업적 중에는 어떤 천재 한 명의 힘으로 완결되지 않은 것도 많다. 운명적인 인연이 연속된 결과, 기적 같은 법칙이 탄생하기도 한다. 카르노의 업적이 묻히지 않고 클라우지우스에 의해 승화되어 인류에 커다란 공헌을 할 수 있었던 것은 참으로 다행스러운 일이다. 어쩌면 아직 빛을 보지 못하고 있는 세기의 대발견이 될 만한 싹이 여러분에게 발견될 날을 기다리고 있는지도 모른다.

어쨌든 카르노가 클라우지우스에게 넘긴 바통은 다시 다음 주자에게 넘겨졌다. 아직 추상적이었던 엔트로피라는 개념을 실체가 있는 물리량으로 완성한 건 그의 역주 덕분이다. 뒤에서 이야기하겠지만 목숨을 건 역주이기도 했다.

볼츠만의 위대한 공적

19세기 후반 사람들은 물질이 작은 알갱이들, 다시 말해 분자나 원자로 구성되어 있다는 사실은 알지 못했다. 과학자들도 마찬가지였다. 오스트리아의 물리학자 루트비히 볼츠만Ludwig Boltzmann(그림5-3)은 당시 아직 사이비 과학처럼 보였던 '기체 분자 운동론'에 누구보다 먼저 주목해 공기 속에서는 기체의 분자나 원자가 다양한 속도로 운동을 하고 있다고 생각했다. 또한 뜨거운 공기에서는 분자가 격렬하게 움직이고 있으며 차가운 공기에서는 분자가 거의 움직이지 않는다는 사실을 깨달았다. 이때부터 볼츠만의 역주가 시작된다.

'이것이 열의 본질이 아닐까? 열이란 사실 분자나 원자의 운동이며, 운동의 정도를 표현한 것이 온도가 아닐까?'

그야말로 선구적인 발상이었다. 볼츠만이 생각한 열의 근원이 되는 분자 또는 원자의 운동은 현재 '열운동'으로 불린다. 볼츠만은 속도를 더욱 높였다.

'열이 그런 것이라면 정체를 알 수 없는 엔트로피인지 뭔지 하는 놈이 나타낸다는 난잡함을 분자 운동으로 치환해서 표현할 수 있지 않을까?'

뜨거운 공기의 분자는 빠르게 움직이고, 차가운 공기의 분자는 느리게 움직인다. 둘이 충돌하면 서로의 속도를 주고받게 되므로 속도

그림5-3 루트비히 볼츠만

차가 줄어든다. 이를 수만 번 반복하면 최종적으로 분자 전체 속도가 균일해지면서 공기 전체 온도도 균일해진다.

'엔트로피가 증가한다는 것은 이런 것이 아닐까? 그렇다면 분자의 운동을 나타내는 방정식으로 엔트로피를 기술할 수 있을 거야!'

볼츠만은 이러한 발상을 근거로 엔트로피의 수식화를 고민했고 결국 성공을 거뒀다.

볼츠만의 수식을 여러분에게도 소개하겠다. 표정이 굳은 독자가 있는 듯한데 물리학자 중에는 이 수식을 '세계에서 가장 아름다운 수식'으로 꼽는 사람도 있다. 어떤 수식인지 알아 뒀다가 나중에 대화 소재로 활용해도 손해 볼 일은 없을 것이다. 바로 이 수식이다.

$$S = k\log W$$

좌변의 S는 이 식의 주역인 엔트로피를 나타내는 사디 카르노의 머리글자다. 우변의 W는 '상태 수'다. 클라우지우스가 난잡함이라고 추상적으로 표현했던 것을 볼츠만은 "분자가 가질 수 있는 상태의 패턴 수는 몇 가지인가?"라고 좀 더 구체적으로 나타냈다. 이쪽이 훨씬 수량으로써 다루기 쉽다는 건 굳이 설명할 필요도 없을 것이다.

W 왼쪽의 log는 수학 시간에 배운 로그(함수)다. 기억이 안 나더라도 걱정할 필요 없다. '상태 수는 logW라는 형태로 표시된다'라고만 생각해도 충분하다. k는 logW가 증가하면 S가 얼마나 증가하는지를 나타내는 비례 상수로 '볼츠만 상수'라고 부른다.

다시 말해 이 식은 S와 W가 k를 비례 상수로 둔 비례 관계임을 말해 준다. 의외로 단순한 형태이지 않은가? 이렇게 해서 클라우지우스가 난잡함과 온도로 표현했던 엔트로피는 '분자·원자의 상태 수'라는 좀 더 엄밀한 표현으로 치환되어 수식이 되었다.

다만 이 식에는 한 가지 제약이 있다.

$$\Delta S \geq 0$$

ΔS는 일정 시간 동안 S가 변화하는 양을 나타낸다. 다시 말해 외부와 에너지를 주고받지 않는 한 S가 변화하는 양은 항상 증가하거나 같은 양에 머무른다는 의미다. 여기에 엔트로피의 시간의 화살이 표현되어 있다.

볼츠만은 엔트로피에 자연의 본질이 깃들어 있다고 확신했던 듯하다. 그런 그에게 이 수식은 신의 모습을 포착한 것과 다름없었는지도 모른다. 과학자에게는 많든 적든 '신=자연계'이라는 인식이 자리하고 있다.

정말로 신이 결정했는지는 알 수 없다. 그러나 엔트로피와 상태수 사이에 이런 관계가 있다는 것은 오늘날 통계역학을 통해 해명되고 있다. 그리고 볼츠만 상수도 물리 상수로 정의되어, 2019년 5월에 그 값이 SI 기준 단위로, 1.380649×10^{-23} J K^{-1}로 약속되어 엄밀하게 결정되었다.

이렇게 해서 볼츠만은 자신이 결정한 길을 훌륭히 완주하는 데 성공했다. 그러나 그는 상상 이상으로 고독했다. 누구 한 명 그의 뒤를 따라와 주지 않았고, 오히려 "원자 같은 게 존재할 리가 있나!"라는 비난까지 들었다. 당시 물리학자 중에는 분자나 원자의 존재를 받아들이지 못하는 사람이 많았다. 그는 점차 정신적으로 병들어 갔고, 결국 가족과 떠난 피서지에서 스스로 목숨을 끊고 말았다.

오스트리아 빈의 중앙 묘지에 가 보면 음악의 나라답게 베토벤과

슈베르트 같은 위대한 작곡가들의 묘가 나란히 놓여 있는 가운데 한 물리학자의 묘비가 조용히 세워져 있다. 묘비에는 묘의 주인이 이 세상에 존재했던 증거인 수식 $S = k\log W$가 새겨져 있다.

맥스웰이 탄생시킨 도깨비

엔트로피라는 횃불을 이어받는 릴레이 속에서 볼츠만은 엔트로피를 하나의 수식으로 집약했다. 사람들이 분자·원자의 존재를 인정하기 시작하면서 엔트로피 개념을 받아들였고, 이 세상에는 불가역적 변화가 존재한다는 것도 점차 알게 되었다. 이는 "열역학 제2법칙에 따라 열은 고온에서 저온으로 한 방향으로만 흐른다."라고 표현되는데, 볼츠만은 이를 "분자·원자의 상태 수는 작은 쪽에서 큰 쪽으로 한 방향으로만 이동한다."라고 바꿔 표현했다.

물리학자 중에는 엔트로피만이 불가역적이라는 것에 대해 '정말 그럴까?'라고 의심하는 사람도 있었다. 제2장에서도 이야기했듯이 물리학자는 기본적으로 대칭이 아닌 것을 불쾌하게 느낀다. 영국의 물리학자 제임스 클러크 맥스웰James Clerk Maxwell(그림5-4)도 그중 한 명이다. 전자기학을 확립했으며 아인슈타인이 "내게 가장 많은 영향을 끼친 물리학자."라고 말했을 정도로 대단한 천재인 맥스웰은 열역학에서도 볼츠만보다 먼저 기체 분자 운동론을 제창했다. 그만

그림5-4 제임스 클러크 맥스웰

큼 엔트로피라는 새로운 개념에 관해서도 깊게 생각했을 것이다. 맥스웰에게는 '엔트로피가 증가하기만 한다면 모든 것이 형태를 잃고, 우주에는 쓸쓸한 미래만이 기다릴 뿐이다. 정말 그럴까?'라는 생각도 있었던 듯하다. 그가 열역학 제2법칙의 빈틈을 찾다가 생각해 낸 것이 '맥스웰의 도깨비'maxwell's demon라고 부르는 사고실험이다(그림 5-5).

너무나 유명해서 여러분도 들어 본 적이 있을 것이다. 다만 엔트로피 발견에 관한 지금까지의 흐름을 알지 못하면 어떤 의미가 있는지 이해하기 어려우니 이 기회에 제대로 이해하자. 무대 설정은 다음의 (1)~(3)이다.

그림5-5 맥스웰의 도깨비

도깨비가 작은 창을 열고 닫아서 빠른 기체 분자(○)는 A로 통과시키고
느린 기체 분자(●)는 B에 머무르게 한다.

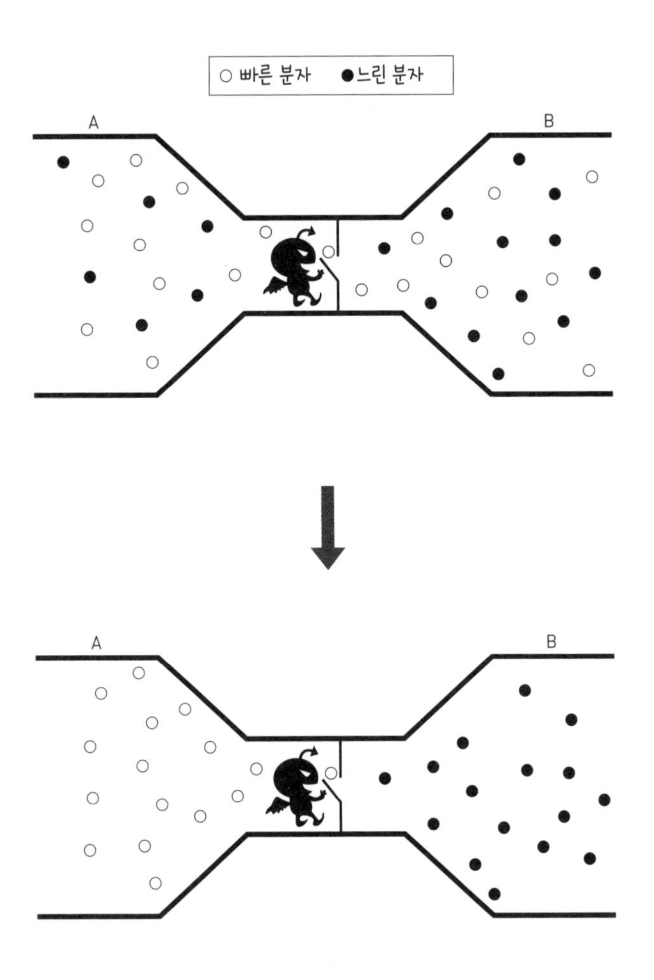

(1) 완전히 밀폐된 상태의 용기가 있다. 용기 속에는 온도가 균일한 기체가 채워져 있다. 온도는 균일하지만 기체의 분자는 각각 다양한 속도로 움직이고 있다.

(2) 용기에는 칸막이가 있어서 A와 B라는 두 개의 작은 방으로 나뉘어 있다. 또한 칸막이에는 여닫을 수 있는 작은 창이 붙어 있다.

(3) 작은 창에는 무엇인가 작은 놈이 있다. 기체 분자의 움직임을 관찰하고, 작은 창을 자유롭게 여닫을 수 있는 초능력을 가진 도깨비다.

도깨비가 작은 창으로 다가오는 분자 하나하나의 움직임을 지켜보다 분자가 빠르게 움직이면 A로, 느리게 움직이면 B로 보내려고 작은 창을 열고 닫는다. 예를 들어 A에서 빠르게 움직이는 분자가 오면 작은 창을 닫아서 B로 가지 못하게 한다. 그러면 A에는 빠르게 움직이는 분자만, B에는 느리게 움직이는 분자만 있게 된다. 용기 전체로 봤을 때는 균일했던 온도가 고온의 A와 저온의 B로 나뉘게 되며, 엔트로피 관점에서 보면 질서가 생겨서 기체의 엔트로피 최초 상태보다 작아지는 셈이다. 이래서는 열역학 제2법칙, 즉 엔트로피 증가의 법칙을 위반하고 만다. 이런 일은 기체 분자에 어떤 에너지가 가해지지 않는 한 일어날 수가 없다. 이때 도깨비는 그저 작은 창을 열고 닫기만 할 뿐 기체에는 어떤 일도 하지 않았다. 참으로 이상하지 않은가?

맥스웰은 엔트로피를 겨우 이해하기 시작한 물리학자들에게 도깨비를 던져 주고 이렇게 물어본 것이다. 때는 1867년이었다. 만약 도깨비를 없애지 못하면 열역학 제2법칙은 틀린 게 되고, 제2종 영구기관도 가능하다. 이를 시간의 관점에서 보면 시간의 역행이 가능하다. 이 도깨비는 우리에게 천사인 셈인데…. 그렇다면 물리학자들은 맥스웰의 도전에 어떻게 응답했을까?

미시세계와 거시세계 사이에

천재가 설치한 덫은 보기보다 훨씬 교묘했다. 100년이 넘는 기간 동안 아무도 이 역설을 깨지 못했다. 다시 말하면 '맥스웰의 도깨비'에서 문제가 되는 점은 속도가 균일했던 기체 분자가 에너지가 전혀 가해지지 않았음에도 움직임이 빠른 분자와 느린 분자로 나뉜다는 것이다. 따라서 용기 속에 어떤 에너지의 출입이 있다는 것만 찾아내면 모순은 없어진다. 물리학자들은 오랫동안 그 에너지를 찾아 헤맸다. 하지만 좀처럼 발견할 수 없었다.

맥스웰에게는 기체 분자라는 미시적 존재의 운동이 기체 전체라는 거시적인 사상을 전부 설명할 수 있느냐는 문제의식도 있었던 듯한데, 물리학자들은 이 질문에 대답할 수가 없었던 것이다. 이는 앞 장에서 이야기한 양자역학에서의 미시세계와 거시세계의 경계라는 깊은 주제와도 연결된다.

물리학자들은 이 문제를 풀기 위해 고민했고 '통계역학'이라는 새로운 영역을 개척했다. 이는 분자 하나하나의 미시적 행동은 알지 못하더라도 분자들이 집단으로 일정 크기가 되면 거시적 상태를 전체적으로 파악할 수 있다는 발상이다. 당시 양자역학이 보여 주듯이 이 세상에는 우리가 인식할 수 있는 거시세계뿐만 아니라 직관에 반하는 기묘한 미시세계가 존재한다. 그리고 '아보가드로 수'가 두 세계를 연결한다고 생각했다.

아메데오 아보가드로Amedeo Avogadro는 사르데냐 왕국(현재의 이탈리아)의 물리학자이자 화학자로, 19세기 초엽에 '같은 온도, 같은 압력 아래에서는 모든 기체가 같은 부피 속에 같은 수의 분자를 포함한다'는 사실을 발견했다. '아보가드로 법칙'은 최초로 '분자'라는 개념을 주장했다는 의미에서 '분자설'로도 불린다. 당시는 아보가드로의 생각이 충분히 이해받지 못했기에 그는 거의 무명인 채로 생을 마감했다. 하지만 분자의 존재가 인지되면서 아보가드로가 위대한 선구자였다는 사실이 널리 알려지게 되었다.

그 후 물리학자들은 미시세계의 원자가 어느 정도 모여야 우리의 일상에서 흔히 보이는 거시적 물질의 규모가 되는지 생각하게 됐고,

그 값이 대략 10^{22}~10^{23}이라는 것을 알게 되었다. 예를 들어 알루미늄 1그램으로 구성된 1엔짜리 동전에는 알루미늄 원자가 약 2.2×10^{22}개나 들어 있다. 원자의 양을 표현하기 위한 정확한 값은 우리 신체를 구성하는 중요한 원소인 탄소를 기준으로 결정했다. 탄소는 6.02×10^{23}개의 원자로 구성된 물질을 '1몰'mol이라고 하고, 이를 물질의 양을 나타내는 단위로 삼았다. 연필을 셀 때 12개를 한 다스, 두 다스…로 묶는 것과 마찬가지다. 그리고 선구자에게 경의를 표하는 의미에서 1몰당 원자 수를 '아보가드로 수'라고 부르기로 했다.

10^{23}은 엄청난 단위의 수다. 앞 장에서 소개한 사고실험인 '슈뢰딩거의 고양이'를 생각해 낸 슈뢰딩거는 '왜 우리 신체를 구성하는 세포 수는 이렇게나 많은 것일까?'라는 의문을 품었다. 사실 인간의 세포는 약 37조 개이므로 10^{13}에 불과하다. 각각의 세포 속에는 DNA가 있고, DNA 속에는 약 60억 개의 염기(아데닌, 구아닌, 사이토신, 티민 등)가 있다. 이들 염기의 수가 대략 10^{23}이다. 그 정도 수의 원자가 모여야 비로소 물질은 우리가 인식할 수 있는 모습이 된다. 그만큼 미시세계와 거시세계 사이에는 거대한 간격이 있다. 이를 정량화할 수 있었던 것은 인류를 고민에 빠뜨린 맥스웰의 도깨비가 세운 공적이라 할 수 있다.

나는 이따금 왜 자연에는 거대하다는 말로도 부족할 정도의 수가 등장하는지 궁금하다. '자연이 인류에게 양자세계를 감추기 위해서가 아닐까?'라는 황당한 생각도 한다. 만약 일상에서 기묘한 양자 세계를 종종 엿볼 수 있었다면 인류는 양자역학의 본질을 좀 더 일찍 이해할 수 있었을 것이다. 그랬다면 뒤에서 이야기할 '양자중력 이론'이라는 궁극의 우주 법칙에도 이미 도달했을지 모른다. 자연은 인류가 그러지 못하도록 양자세계를 감춰서 아무리 애를 써도 거시적인 이미지밖에 떠올리지 못하게 사고 회로가 형성되도록 유도한 것은 아닐까? 이런 망상을 해 본다.

열역학 제2법칙, 도깨비를 쓰러뜨리다

다시 좀처럼 물리칠 수 없는 도깨비 이야기로 돌아가자. 기체 분자가 들어 있는 용기 속에서 어떤 에너지가 드나드는지 발견한다면 문제가 해결되지만 아무리 노력해도 찾아내지 못한 채 21세기를 맞이했다. 대단하다, 맥스웰! 시간이 역행할 가능성을 믿고 싶은 우리에게는 너무나 든든하다.

단, 그 사이에 여러 물리학자가 다양한 아이디어를 내놓았다. 그중 하나는 '정보'가 에너지로 변환되는 게 아니냐는 생각이다. 1929년, 미국 물리학자 레오 실라르드Leo Szilard는 용기에 기체 분자가 딱 하나만 들어 있는 극단적으로 단순화한 모델인 '실라르드 엔진'을 고안했다. 도깨비는 두 방 중 어느 쪽에 분자가 있는지 관측해 정보를 얻는데, 이때 아주 조금이지만 에너지가 소비되며 그 때문에 엔트로피가 증가한다고 생각했다. 관측을 물리 현상으로 간주하는 양자역학과 똑같은 발상이다. 맥스웰의 도깨비에서는 엔트로피가 감소한 듯 보이지만 사실 도깨비의 관측을 통해 그 이상으로 엔트로피가 증가한다. 그러므로 전체의 수지라는 관점에서 엔트로피는 증가한다! 이는 실라르드의 주장이다. 정보를 통해 에너지를 주고받는다는 획기적인 아이디어의 등장으로 이 역설은 마침내 논파되었다고 생각했다. 도깨비, 위기에 몰리다!

그러나 그로부터 20년 정도 후에 검증한 결과 실라르드 엔진에서 도깨비가 실행하는 관측으로는 엔트로피가 증가하지 않는다는 게 밝혀졌다. 도깨비, 끈질기게 살아남다!

다만 애초에 열역학 개념이었던 엔트로피가 정보라는 전혀 관계가 없어 보이는 것과 연결되어 있음을 알게 된 것은 인류에게 커다란 수확이었다. 이에 따라 엔트로피 개념이 확장되어 '정보 열역학'이라고 부르는 새로운 학문 분야가 탄생했다. 그리고 결과적으로는 이 분야의 연구가 도깨비를 쓰러뜨린다!

1961년, 미국 컴퓨터 산업을 이끄는 IBM의 연구자였던 롤프 란다우어Rolf Landauer가 도깨비에게 대항하기 위한 새로운 아이디어를 고안했다. 도깨비가 기체 분자의 속도를 파악하고 작은 창을 여닫는 작업을 하려면, 파악한 분자의 속도를 정보로 기억하고 다음에 올

분자 속도와 비교할 필요가 있다. 그러나 그 기억을 모으기만 해서는 언젠가 용량이 초과되니 정기적으로 없애야 한다. '정보의 소거'라는 일을 할 때 에너지가 소모되므로 엔트로피가 증가한다.

이 아이디어는 유력한 답으로 생각되었다. 눈부시게 발전 중인 정보 이론 측면에서도 이를 뒷받침할 재료가 제공되었다. 2010년, 마침내 도깨비를 묻어 버릴 때가 왔다. 일본 물리학자 도야베 쇼이치鳥谷部洋一와 사가와 다카히로沙川貴大가 세계 최초로 맥스웰의 도깨비를 완벽하게 재현한 장치를 만드는 데 성공해 실험을 시행했다. 그 결과 '온도 T의 환경에서 1비트의 정보를 없애기 위해서는 적어도 $kT\log 2$의 일이 필요하다'는 사실을 밝혀냈다! 참고로 여기에서 k는 볼츠만 상수다.

이렇게 해서 맥스웰이 탄생시킨, 150년에 가까운 세월 동안 살아 있었던 도깨비에게 마침내 사망 선고가 내려졌다. 인류의 승리다. 인질로 잡혀 있던 열역학 제2법칙, 즉 엔트로피 증가의 법칙은 무사히 구출되었다.

참으로 긴 이야기였다. 카르노, 클라우지우스, 볼츠만, 맥스웰…로 바통이 이어진 시간의 화살에 관한 역사다. 엔트로피가 만들어내는 시간의 화살에는 이런 긴 역사와 증명이 있었다. 그러나 이야기는 여기에서 끝나지 않는다.

도깨비가 부활했다!

2019년, 모스크바물리공과대학교MIPT의 양자정보물리학연구소의 필드 연구원인 고르디 레소비크Gordey Lesovik 박사는 다음과 같은 충격적인 발표를 했다.

"우리는 열역학적인 시간의 화살과 반대 방향으로 진화하는 상황을 인공적으로 만들어 냈다."

레소비크 박사는 양자 컴퓨터 기술 개발을 진행하는 가운데 시간이 역행하는 현상을 관측했다고 말했다. 맥스웰의 도깨비가 부활한 것이다!

먼저 양자 컴퓨터에 관해 아주 간단히 설명하겠다. 최근 뉴스 등에서 화제가 되는 일도 많아졌는데, 한마디로 말하면 미시세계의 양자에서 발견되는 '중첩상태'superposition를 이용해 복수의 계산을 병렬로 실시하는 컴퓨터다. 중첩상태란 '슈뢰딩거의 고양이'를 예로 들어 설명하면 '살아 있다'와 '죽었다'라는 두 가지 상태가 동시에 존재하는 것을 말한다. 고양이 한 마리로 복수의 상태를 동시에 나타낼 수 있으므로 각각에 관해 개별적이고 병렬적으로 계산할 수 있다. 따라서 계산이 비약적으로 빨라져 효율화된다는 발상이다.

기존 컴퓨터는 언뜻 복잡한 정보를 주고받고 있는 듯 보인다. 하지만 기본적으로 전기 온·오프라는 두 종류의 전기 신호만 사용하기 때문에 모든 정보를 0과 1이라는 두 개의 숫자를 나열해서 표현한다. 이를 이진법이라고 한다. 계산할 때는 0과 1 중 하나가 적혀 있는 칸을 읽는 것이다. 그러나 양자 컴퓨터에는 0과 1 이외에 '0이기도 하고 1이기도 하다'라고 적힌 칸도 있다. 두 숫자를 합성한 것으로, 문자로 치면 'φ' 같은 느낌이다. 이 문자는 흐릿한 색으로 적혀 있지만 어떤 신호에 따라 0 또는 1 중 하나가 진해져서 명확히 드러난다. 다시 '슈뢰딩거의 고양이'를 예로 들면 '관측한다'라는 행위가 신호에 해당한다.

이와 같은 '제3의 문자'를 사용해 기존 컴퓨터보다 계산이 획기적으로 빨라졌다는 것이 양자 컴퓨터 구조에 관한 대략적인 이미지다. 2019년 구글 개발자들이 양자 컴퓨터를 사용해 기존 슈퍼컴퓨터로는 1만 년이 걸릴 계산을 불과 3분 20초 만에 해내 큰 화제가 되기도 했다(2019년 구글은 논문을 통해서 드디어 양자 컴퓨터가 고전 컴퓨터를 뛰어넘는 양자우월성quantum supremacy을 달성했다고 주장했다. 이후 더 효율적인 알고리즘을 이용하면 고전 컴퓨터로도 같은 계산을 구글의 양자 컴퓨터와 비슷하게 빠른 속도로 수행할 수 있음을 보인 연구가 발표되었다. 현재 학계에서는 아직 양자우월성이 명확히 달성된 것은 아니라고 보고 있다.—옮긴이).

다만 공학적으로 실현하려면 해결해야 할 문제가 아직 많아 시작試作 단계에 머물러 있다. 그런데 양자 컴퓨터를 이용한 실험에서 놀라운 현상이 관측되었다는 발표를 한 것이다.

양자세계에서는 시간이 역행한다?

레소비크 박사는 스위스, 미국 팀과 함께 양자 컴퓨터를 사용해 생물 유전자의 진화 프로그램을 계산하고 있었다. 진화 프로그램이란 컴퓨터상에 가상의 두 '성'性을 만든 뒤 각각의 성에서 물려받은 유전자를 합체(교배)하고, 여기에 몇 퍼센트 이하의 확률로 돌연변이가 일어나도록 설정해 자연계 유전자 집단의 움직임을 모델화한 것이다. 유전자는 0과 1의 조합으로 표현되는데, 그 움직임을 해석함으로써 진화의 정체를 탐구하는 것이 목적이다.

정보 열역학에 따르면 이 유전자 모델의 움직임은 맥스웰의 도깨비에서 기체의 분자처럼 엔트로피 증가의 법칙을 따른다. 프로그램이 진행되면서 처음에는 정연했던 0과 1의 질서가 점점 사라지고 난잡해진다. 그런데 레소비크 박사는 어떤 순간부터 0과 1의 배열이 정연해지기 시작해 일정 수준의 질서가 탄생한 것을 관측했다(그림5-6). '난잡에서 질서로'라는 변화는 당연히 우주에서 가장 중요한 법칙에 위배된다. 이는 시간의 화살이 거꾸로 날아갔음을 의미한다.

레소비크 박사가 이 결과를 온라인 저널인 《사이언티픽 리포트》Scientific Reports에서 발표하자 충격과 함께 뉴스가 전 세계에 퍼졌다.

그림5-6 양자 컴퓨터에 관측된 시간의 역행 이미지

난잡한 상태였던 큐비트에 질서가 돌아왔다.

질서

0	0	0	0
1	1	1	1

난잡

0	1	1	0
1	0	1	1

질서가 돌아왔다!

0	0	0	0
1	1	1	1

"양자 컴퓨터를 사용해 최초로 시간의 역행을 관측하다." "마침내 인류는 맥스웰의 도깨비를 만들어 냈다."라는 자극적인 제목도 있었다. 기사 내용은 대략 이런 식이다.

양자 컴퓨터에서의 기본 정보 단위를 '큐비트'qubit라고 하며 0, 1, 중첩이라는 세 가지 상태를 표현한다. 실험에서는 진화 프로그램이 가동되자 큐비트의 변화 패턴이 점점 복잡해지고, 규칙적으로 모아놓았던 당구공이 흩어지듯 난잡해졌다.

그런데 실험에서는 그 상태가 수정되어 혼돈에서 질서라는 역방향으로 큐비트가 되감기더니 원래 상태가 되었다. 이는 당구대 위에 흩어져 있었던 당구공이 완전한 계산에 따라 완벽하게 질서 잡힌 정삼각형으로 돌아가는 것과 같은 현상이다. 다시 말해 시간이 역행한 것이다.

실험을 2큐비트로 실시했을 때 시간의 역행 달성률은 85퍼센트였다. 3큐비트로 실험하자 에러 발생이 증가해 달성률은 50퍼센트가 되었다(양자의 불확정성에 기인한다). 이 결과는 양자 컴퓨터 개발에 실용적으로 응용 가능하다. 프로그램을 업데이트해 노이즈나 에러를 없애기 위해 사용할 수 있다.

그리고 레소비크 박사의 다음과 같은 말이 소개되어 있었다.

"양자세계에서는 잃어버렸던 질서를 되돌릴 수 있음이 드러났다. 양자세계에서는 열역학 제2법칙에 위배되는 움직임이 가능하다."

대부분의 물리 법칙은 미래와 과거를 구별하지 않는다. 그러나 열역학 제2법칙만은 질서에서 무질서라는 한 방향으로만 흐를 수 있으며, 이는 아보가드로 수를 충족하는 원자 집단인 우리의 일상에서는 지금까지의 역사가 증명하듯이 위반이 절대 불가능하다. 시간의 역행은 일어날 수 없다. 그러나 소립자 하나하나의 움직임을 살피는 양자세계에서는 시간이 역행하는 일도 일어날 수 있다. 레소비크 박사의 실험 결과가 그렇게 말하고 있다.

알고 있는 것은 여기까지다. 이 이상은 아무도 알지 못한다. 그러나 우리에게 가장 두려운 상대인 엔트로피라 해도 결코 무적이 아니라는 것만큼은 분명해 보인다. 앞으로 양자 컴퓨터 완성과 함께 이에 관한 연구에 어떤 발전이 있을지 기대하지 않을 수가 없다.

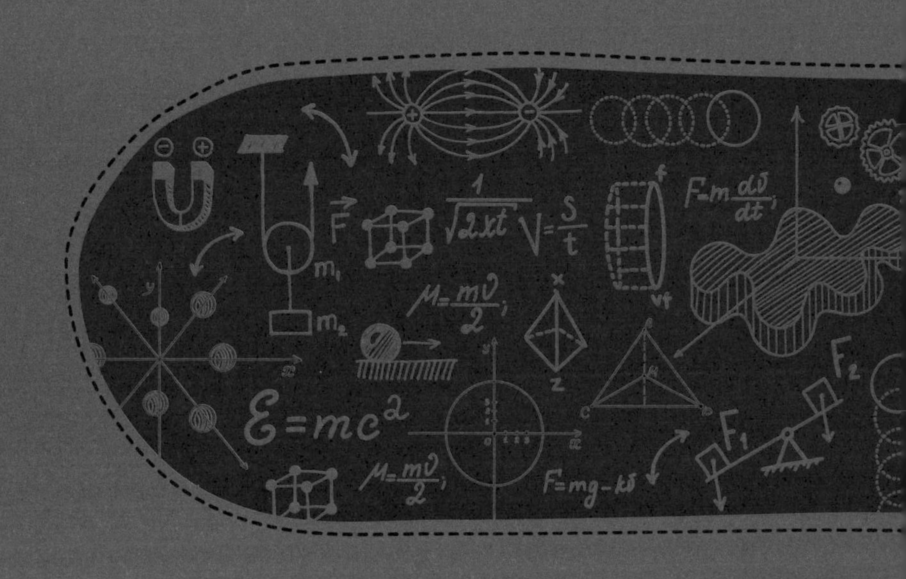

$\mathcal{E}=mc^2$
$V=\frac{S}{t}$
$F=m\frac{dv}{dt}$
$F=mg-kv$
$M=\frac{mv}{2}$

제6장

시간은 정말 1차원일까?

결코 쓰러지지 않을 거라고 생각했던 엔트로피도 양자 층위에서 보면 의외의 돌파구가 있음을 알게 되었다. 적어도 양자세계에서는 시간의 화살이 반드시 한 방향으로만 나아가지 않는 것이다. 이는 우리에게 큰 용기를 북돋아 주는 커다란 성과다.

이번 장에서는 시간에 관해 약간 다른 관점에서 생각해 보려 한다. 제2장에서 시간을 생각하는 단서로 방향, 차원 수, 크기 세 가지를 소개했다. 이 가운데 방향은 지금까지 살펴본 시간의 화살로, 이 여행의 메인 테마다. 그러나 차원수나 크기의 관점에서 시간을 바라보는 것도 언뜻 멀리 돌아가는 듯 보이지만 시간의 역행으로 향하는 새로운 길을 열게 될지 모른다. 이제 시간의 차원 수를 살펴보자.

고대 중국에서는 시공간을 알고 있었다

먼저 제2장에서 설명한 차원 수에 관해 조금 복습해 보자.

물리학에서는 시간의 차원을 1차원이라고 생각한다. 하나의 직선만으로 구성된 세계다. 게다가 방향이 과거에서 미래라는 하나의 방향밖에 없다면 시간의 세계는 일방통행만 허용되는 아주 따분한 세계다. 이런 시간의 모습에 위화감을 느끼는 물리학자가 있다는 이야기도 했다. 왜 쌍방향이 아닌 일방통행이냐는 의문도 있지만 공간은 3차원인데 왜 시간은 1차원이냐는 의문도 있다. 아인슈타인의 상대성 이론에서는 시간과 공간이 한 몸이며 둘이 한 세트로 시공간을 이루고 있다는 것이 우주의 진리이기 때문이다. 나도 그렇지만 물리학자는 대칭을 좋아하는 생물이어서 이런 비대칭에는 생리적으로 저항감을 느낀다.

만약 과학적 이론보다 살아 있는 인간으로서의 직감 쪽이 더 옳아서 정말로 시간이 1차원이 아니라면 큰일이다. 지금 우리가 당연하게 생각하고 있는 세상에 관한 생각들이 뿌리부터 뒤흔들릴 것이다. 시간의 역행도 실현된다. 진심으로 그 가능성을 살피고 있는 물리학자도 있다.

그렇다면 우리도 시간이 실제로는 몇 차원인지 생각해 보자. 이를 위해 먼저, 우주란 무엇인가에 관해 다시 생각해 봐야겠다. 고대부터 인류는 자신을 둘러싼 환경으로써의 우주를 어떻게든 이해하려고 다양한 노력을 해 왔다. 특히 4대 문명에는 각자의 우주관이 있었는데, 제1장에서는 이집트에서 전해 내려오는 우주관인 천공을 관장하는 여신 누트를 소개했다.

한편 인도의 우주관도 독특하다. 우주의 중심에 수미산이 있고, 그 위에 인간이 있으며, 산이 있는 대지는 코끼리 세 마리가 떠받치고 있고, 그 코끼리들은 거북 위에 올라타 있다고 생각했다.

그리고 중국의 우주관을 살펴보면 '우주'宇宙라는 말의 유래를 알 수 있다. 기원전 150년경 전한시대에 편찬된 《회남자》라는 책에 다음과 같은 글이 있다.

"왕고래금往古來今을 주宇라고 하며, 사방상하四方上下를 우宙라고 한다."

여기에서 '왕고래금'은 과거와 현재, 즉 시간을 가리키며 '사방상하'는 공간이다. 그러므로 이 말을 다르게 표현하면 "시간을 주, 공간을 우라고 한다."가 된다. 요컨대 우주란 시간과 공간이라고 말한 것이다. 신기하게도 아인슈타인이 시공간이라고 부른 우주관과 일치한다.

상대성 이론에서 도출된 현대 물리학의 우주관에서는 우주를 시공이라는 시간과 공간의 입체물로 생각한다. 이를 '시공 다양체'라고 부른다. 시간과 공간 속에 소립자, 별, 행성이 떠 있다는 식의 이미지다. 말하자면 우주는 하나의 그릇이다. 이 그릇은 풍선처럼 늘어나거나 줄어드는 소재로 만들어져 있으며, 빅뱅으로 탄생한 뒤 현재까지 줄곧 팽창해 왔다. 다만 정확히 말하면 별이나 물질은 풍선 속에 있는 것이 아니라 풍선 표면에 달라붙어 있다. 그래서 풍선이 팽창함에 따라 거리가 점점 멀어진다.

덧붙여 고대 중국의 우주관 중에는 '선야설'宣夜說이라고 부르는 재미있는 발상이 있다. 우주는 형태가 없고 그저 공간이 펼쳐져 있을 뿐이며 그곳에 별이 떠 있다는 생각이다. 그리고 별은 기氣의 작용으로 개별적인 운동을 하며 전체적으로는 활발하게 움직이고 있다는 것이다.

일반적으로 고대 우주관은 현대 우주관과 그다지 비슷하지 않다. 대개는 유럽에서 근세 초기까지 신봉되었던 천동설처럼 별이 붙어 있는 천구天球라든가 어떤 고형물이라고 생각했는데, 놀랍게도 고대 중국의 우주관에서는 우주에 형태가 없으며 움직이는 것은 별이라고 말한 것이다. '기'의 작용도 중력으로 해석하면 아주 올바른 우주관이라는 생각이 든다. 선야설이 제창된 시기가 1세기 이전이었다니 믿기지 않을 정도다.

우주의 온갖 것을 알 수 있는 방정식

현대 물리학에서는 우주의 크기나 형상에 관해서도 상당히 깊은 부분까지 생각하고 있다. 먼저 크기의 경우, 현시점에서는 지구에서 우주 끝까지 거리가 465억 광년 정도가 아닐까 생각하고 있다. 우주가 탄생하고 현재까지 약 138억 년이 지났음은 알고 있는데, 그 사이에 우주가 팽창했기 때문에 그 정도 크기가 되었을 것이라는 추측이다.

다음으로 우주가 어떤 형상을 띠고 있느냐에 관해서는 기본적으로 세 가지 유형이 있다(그림6–1). (1) 어디까지나 평탄, (2) 구체, (3) 말안장 모양이다.

보충 설명을 하면 우주가 '어디까지나 평탄'하다면 2차원의 평면이 줄곧 계속된다는 의미가 아니다. 이미지를 떠올리기 쉽지 않겠지만 3차원의 공간이 평평한 채로 줄곧 계속되는 느낌이다. 이런 공간에 관해서는 공간 속에서 두 줄기 빛을 평행하게 발사했을 때 어떤 결과를 맞이하느냐로 알 수 있다.

(1) 어디까지나 평탄이라면 두 빛은 계속 평행한 상태로 나아간다.

(2) 구체라면 두 빛은 가까워지다 서로 교차한다.

(3) 말안장 모양이라면 두 빛은 점점 멀어진다.

그림6-1 우주의 형태를 결정하는 곡률

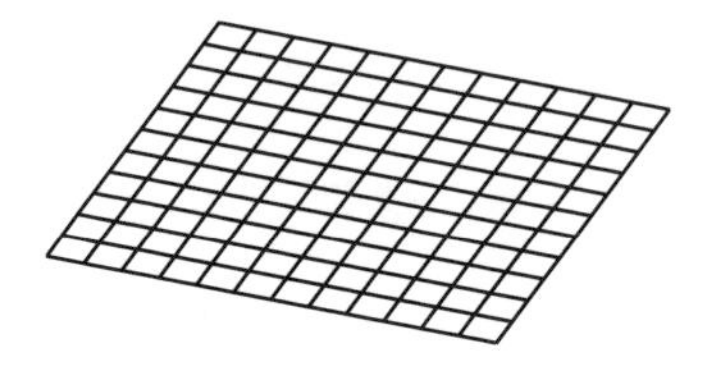

(1) 어디까지나 평탄한 우주

곡률이 제로(=0)라면
우주는 어디까지나 평탄하다.

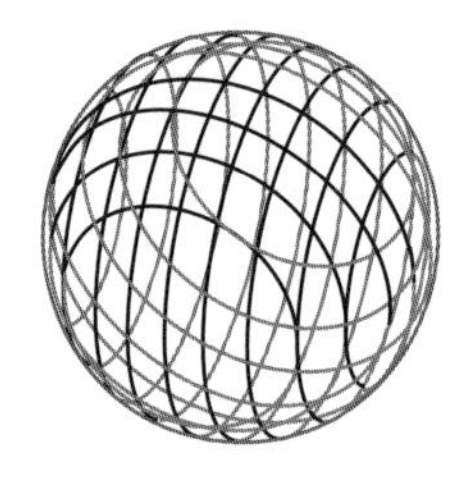

(2) 구체인 우주

곡률이 양(> 0)이라면
우주는 구체다.

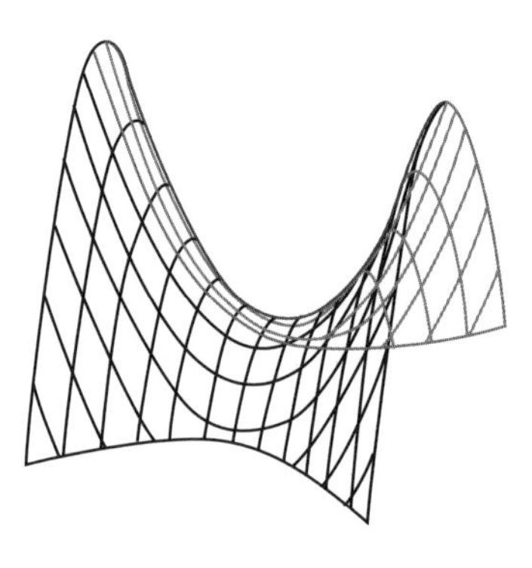

(3) 말안장 모양의 우주

곡률이 음(< 0)이라면 우주는
말안장 모양이다.

여러분은 무엇이 정답이라고 생각하는가? 과거에 평평하다고 생각했던 지구가 사실은 둥글었듯이 우주도 사실은 구체가 아닐까 생각하기 쉽다. 실제로 관측한 바에 따르면 현시점에서는 '어디까지나 평탄'이 정답이다. 다만 이것은 어디까지나 현시점에서의 관측값을 기반으로 판단한 결과일 뿐이며, 이론적으로 우주가 어디까지나 평탄하다고 증명된 것은 아니다.

(1)부터 (3)과 같이 공간이 평탄한가 아니면 휘어졌는가를 나타내는 말이 '곡률'이다. (1)의 평탄한 공간은 곡률이 제로다. (2)의 구체는 곡률이 양(>0)이며, (3)의 말안장은 곡률이 음(<0)이다. 이 셋은 표면에 삼각형을 그렸을 때 그 내각의 합으로도 알 수 있다. (1)은 180도지만 (2)에서는 180도보다 커지며, (3)에서는 반대로 180도보다 작아진다.

그러면 실제 우주는 어떤 곡률이며 어떤 형태를 띠고 있을까? 그 답은 아직 알지 못한다. 밝혀낼 방법은 알고 있다. 다음에 등장하는 방정식은 물리학의 방정식 중에서도 독보적으로 아름답다고 평가받는 식이다. 앞 장에서 볼츠만이 생각해 낸 엔트로피의 방정식을 세계에서 가장 아름다운 수식으로 생각하는 사람도 있다는 이야기를 했지만, 역시 뭐니 뭐니 해도 가장 인기 있는 수식은 일반 상대성 이론의 아인슈타인 방정식이다.

$$R_{\mu\nu} - \frac{1}{2} g_{\mu\nu} R = \frac{8\pi G}{c^4} T_{\mu\nu}$$

이 식을 처음 본 사람은 틀림없이 '이런 정신없는 식이 대체 어디가 아름답다는 거야!'라고 생각할 것이다. 물리학에서 진짜 출발점은 눈앞에 보이는 방정식이 아니다. 그 식이 도출되기까지의, 전문용어로 '액션'(=작용)이라고 부르는 것이 있다. 가령 방정식을 요리에 비유하면 액션은 요리 지침서에 해당된다. 생명으로 치면 DNA 같은 설계도다.

아인슈타인 방정식의 액션을 보면 단 한마디밖에 적혀 있지 않아 깜짝 놀랄 것이다.

"R을 변분하라."

'R'은 리치 스칼라ricci scalar라고 부르는 양量의 머리글자다. '변분'은 미분 같은 것이라고 생각하기 바란다. 서점에서 파는 요리책에 이런 식으로 요리법이 적혀 있다면 너무 불친절해서 아무도 사지 않을 것이다. 그럼에도 이 방정식이 의미하는 바는 너무나도 심원하다. 대략적으로 말하면 식의 좌변은 앞에서 나온 곡률, 즉 시공간(아인슈타인은 공간과 시간이 불가분의 관계라고 생각했다)의 휘어진 정도를 나타낸다. 그리고 우변은 그 시간 속에 존재하는 물질이나 에너지 크기를 나타낸다. 다시 말해 그릇과 내용물은 균형을 유지하고 있으며, 우주에 존재하는 물질(이나 에너지)의 양을 전부 알면 우주의 형태를 알 수 있다는 뜻이다.

커피가 들어 있는 컵은 커피를 더 채우든 아이스크림을 집어넣든 형태가 바뀌지 않는다. 그러나 우주라는 그릇은 내용물의 양에 따라 시공간이 팽창하거나 수축하는 등 역동적으로 변화한다. 우주란 내용물과 연동된 그릇이라고 할 수 있다.

아인슈타인 방정식은 이처럼 우주라는 그릇의 모습에 관한 정보를 R이 혼자서 떠맡고 있는 그야말로 리치rich한 수식이다(다만 리치 스칼라의 리치는 이탈리아의 수학자 그레고리오 리치쿠르바스트로Gregorio Ricci-Curbastro의 이름에서 따왔다). 그런데도 요리법이 이렇게 단순하기에 더더욱 멋지다.

만약 우주가 아무것도 없는 텅 빈 공간이라면 다음 방정식의 숨겨진 단순함이 모습을 드러낸다.

$$R_{\mu\nu}=0$$

이 식은 '진공'을 의미한다. 진공의 가장 좋은 예는 블랙홀이다. 사실 블랙홀이 존재하느냐 존재하지 않느냐는 이 방정식을 충족시키는 시공간이 존재하느냐 존재하지 않느냐는 문제와 같다. 그리고 이 문제를 처음으로 푼 사람은 아인슈타인이 아니라 독일 물리학자 카를 슈바르츠실트Karl Schwarzschild다. 그는 제1차 세계대전에 병사로

참전해 러시아 전선에서 종군하고 있을 때 이 방정식을 발견하고 아인슈타인에게 편지로 알렸다. 세계 최초로 블랙홀을 이론적으로 발견한 위업을 전쟁터에서 이뤄 낸 것이다.

우주의 진짜 곡률이 무엇인지는 아인슈타인 방정식 우변의 값에 달려 있다. 여기에는 우주 대부분을 차지하는 암흑물질과 암흑에너지가 크게 관여한다. 암흑물질과 암흑에너지의 정체는 아직 밝혀지지 않았지만 크기는 정확히 계산되었다. 이를 활용해 방정식을 풀면 관측 사실과 마찬가지로 우주가 평탄할 가능성이 크다는 것이 현시점의 결론이다.

아인슈타인은 암흑물질과 암흑에너지의 존재를 알지 못했다. 그런데도 단 하나의 R에서 형태부터 변화 방식까지 우주의 온갖 것을 밝혀낼 수 있는 불멸의 매력을 지닌 방정식을 만들어 냈다. 역시 아인슈타인은 끝내준다.

만약 시간이 2차원이라면?

이런, 또다시 나의 슈퍼스타에 관해 열변을 토하고 말았다. 어쨌든 내가 하고 싶은 말은, 앞에서 이따금 시공간은 3차원의 공간과 1차원의 시간으로 구성되어 있다는 이야기를 했는데 이를 결정한 것이 바로 아인슈타인 방정식이라는 것이다.

아인슈타인 이전의 사람들은 공간과 시간을 완전히 별개로 생각했다. 아인슈타인이 공간과 시간을 불가분의 한 세트로 간주하면서 우리가 사는 우주가 3 + 1 = 4차원의 시공 다양체로 생각하게 되었다. 곡률을 결정하는 R도 시공이 4차원이라는 전제로 아인슈타인 방정식에 들어갔다(참고로 아인슈타인은 훗날 어떤 이유에서 공간이 4차원인 5차원 시공간을 성립시키려고 애썼지만 실패로 끝났다).

'그 누구도 아닌 아인슈타인이 그렇게 생각했으니 공간은 3차원, 시간은 1차원임이 분명해….'

지금까지 모두가 이렇게 생각해 왔다.

그러나 아인슈타인은 공간과 시간은 완전히 대등하다고 생각했다. 자연에는 대칭성이 있으며 우리 물리쟁이들은 대칭을 사랑한다고 지금까지 여러 번 이야기했다. 가능하다면 공간이 3차원이니 시간도 대등하게 3차원이었으면 좋겠다. 시간만 1차원이라는 게 도저히 이해되지 않는다는 생각이 마음속 어딘가에 자리하고 있다. 엉뚱한 소리를 하자면, 만약 공간도 시간도 1차원이라면 그것대로 안정적일지도 모른다.

그래서 지금부터는 공간이나 시간의 차원이 3차원과 1차원이 아닌 경우는 정말로 절대 있을 수 없는가, 만약 다른 차원으로 바뀐다면 어떻게 될지를 진지하게 논의해 보려 한다.

먼저 공간은 3차원 그대로이고 시간이 2차원이라면 어떨까? 우리가 사는 세계에서는 직선 형태를 띠고 있는 시간이 평면 위를 나아가게 된다. 원을 그리며 원래 위치로 돌아갈 수도 있다. 따라서 과거로 쉽게 돌아갈 수 있고 우리의 도전도 간단히 끝나 버린다. 그리고 1차원의 시간을 사는 인류에게는 이루기 어려운 꿈이 하나 실현된다. 그렇다. 바로 타임머신이다.

다만 우리가 사용법을 익히려면 상당히 고생할 듯하다. '부모 살해 패러독스'라는 이야기를 들어 본 적 있는가? 여러분이 과거로 돌아가서 여러분을 낳기 전의 어머니를 찾아내 죽인다고 가정하자. 그러면 미래의 여러분은 존재하지 않는다. 이 경우 지금 존재하고 있는 여러분은 대체 어떻게 되느냐는 모순이 일어난다. 정말로 타임머신을 타고 그런 상황을 만든다면 어떤 일이 일어날까?

영화 〈백 투 더 퓨처〉에서 과거로 돌아간 주인공 마티가 미래의 부모를 어떻게든 맺어 주려고 분투한다. 그런데 하필이면 미래의 어머니가 자신에게 호감을 갖게 되고, 부모가 맺어지지 않을 것 같은 상황이 되자 자신의 모습이 사라지려고 하는 장면이 있다. '부모 살해 패러독스'에서도 '어머니를 죽이려 하면 자신이 사라진다'라는 답이 가장 그럴 듯하다는 생각이 든다. 타임머신이 있는 인류의 세계에서는 '사용상 주의'에 그런 내용이 적혀 있을지도 모른다. 물론 살인은 시간이 몇 차원이든 절대 해서는 안 될 행동이다.

영화 이야기가 나온 김에 〈데자뷰〉라는 영화도 소개하겠다. 〈데

자뷰〉는 주인공이 과거의 다양한 시점으로 이동하는 이른바 '타임 워프'time warp를 주제로 한 SF 영화다. 이 분야 영화로써는 각본을 상당히 잘 썼다고 생각한다(이 부분은 꼭 여러분이 직접 보고 확인했으면 한다).

주인공은 이미 몇 번씩이나 타임 워프를 경험한 상태다. 몇 번째인가의 타임 워프에서는 이미 타임 워프해서 왔다가 목숨을 잃은 자신의 시체를 발견하기도 한다. 그런 상황에 농락당하는 주인공을 보고 있으면 타임 워프란 어떤 현상인지 생각하게 된다.

현대인이 타임 워프를 해서 과거에 가면 과거의 시간에 어떤 변경이 가해지므로 미래는 다른 형태로 다시 쓰이리라 생각하는 사람이 있다. 한편으로는 타임 워프를 해도 그 사람이 일으키는 사건은 앞뒤가 맞도록 과거에 편입되므로 역사는 바뀌지 않으며, 따라서 미래도 바뀌지 않는다고 생각하는 사람도 있다.

나는 물리학적으로는 후자가 맞지 않나 생각한다. 가령 사고로 죽은 친구를 구하기 위해 과거로 돌아가서 친구가 사고를 피하도록 노력한다 해도 이미 '친구가 죽는다'라는 기록이 역사에 적혀 있는 이상 어떤 수를 써도 친구를 구할 수 없도록 온갖 사건이 작용하지 않을까? 예를 들면 교통사고는 회피하더라도 그 직후에 갑자기 물건이 떨어진다든가. 어쨌든 일단 죽는다고 기록된 사실은 바뀌지 않는다고 생각한다.

오래된 기념사진을 보고 있을 때 그 사진을 촬영한 현장에 어떤 사람이 타임 워프를 해서 찍혔다면 그 사람은 여러분이 보고 있는 사진에 갑자기 나타날까? 아마도 그렇지는 않을 것이다. 이미 그 사진 어딘가에 찍혀 있을 거라고 생각한다. 과거에 일어난 일은 약간의 경위 차이만 있을 뿐 역시 일어날 일은 일어나는 것이다.

내가 그렇게 생각하는 이유는 다음과 같다. 만약 이 세계의 시간이 2차원이어서 또 다른 시간의 차원이 있다 해도 두 차원의 크기는 대등할 리 없다. 현실에서 타임 워프라는 현상을 목격하는 일은 거의 전무하기 때문이다. 만약 시간이 1차원 더 있더라도 아주 미미해서 물리적으로는 보이지 않을 것이다. 큰 쪽의 시간축이 지배적이며 역사의 흐름을 거의 결정한다는 게 내 생각이다. 말하자면 큰 강과 같은 흐름이다. 그리고 또 하나의 미미한 시간축은 빠른 흐름에 저항하며 큰 강을 수직으로 횡단하려는 작은 배와 같다. 큰 강의 흐름이 너무나도 빨라서 작은 배는 좀처럼 반대쪽 기슭으로 건너가지 못한다.

어쩌면 '미미한 시간'이란 양자적이라는 의미에 가까울지도 모른다. 만약 작은 배가 큰 강을 횡단해 과거로 돌아가는 데 성공해도 그곳에서 일으킬 수 있는 물리 현상은 양자적인, 소소한 수준에 불과하다고 추측된다. 실제로 앞 장에서 소개했듯이 양자 컴퓨터를 사용해 실험하던 도중에 맥스웰의 도깨비가 나타나 시간이 역행하는 현상이 소립자 층위에서 관측되었다.

참고로 '보이지 않을 만큼 작은 차원이 있다'라는 시나리오는 공간 쪽에서도 자주 나온다. 물리학에서는 상대성 이론과 양자역학은 상성이 나쁘기 때문에 그 둘을 통일하는 이론을 만들려는 시도가 끊임없이 계속되고 있다. 성공한다면 노벨상이 확실한 대형 사업이다. 유력한 후보로 '초끈 이론'이 있다. 이 이론에 따르면 우리가 살고 있는 공간은 9차원이다! 우리가 3차원이라고 믿는 이유는 나머지 여섯 개 차원이 작게 뭉쳐져 있어서 보이지 않기 때문인데, 이 이야기는 다음 장에서 하겠다. 어쨌든 나는 시간이 2차원인 세계에 관해 이렇게 생각한다.

공간은 왜 3차원일까?

다음으로 공간은 정말 3차원인지 의심해 보자. 시간은 1차원인 채로 공간의 차원을 작은 것부터 늘려 나가 보자.

먼저 공간이 1차원인 세계다. 공간+시간이 1+1이므로 2차원의 시공 다양체가 된다. 앞에서는 이야기를 하다 보니 그것대로 안정적일 거라고 말했는데, 실제로는 어떨까?

공간이 1차원인 세계에서는 막대 위를 직선으로 이동하는 행동밖에 할 수 없다. 그곳에서 사는 생물이 할 수 있는 일, 필요한 일을 생각하면 복잡한 구조의 신체는 절대 기대할 수 없다. 아마도 막대 모양의 애벌레 같은 모습이 될 것이다. 만약 그런 생물끼리 길 위에서 만나면 서로 스쳐 지나가지도 못한다. 지나치게 단순한 이 세계는 상당히 무서운 곳이라는 생각이 든다. 물론 우리가 살아갈 수 있을 리 없다.

이어서 공간이 2차원, 즉 공간+시간이 2+1인 3차원 시공간의 세계는 어떨까? 그곳에서는 1차원에 비해 비약적으로 상당히 복잡한 구조를 만들 수 있다. 애니메이션 속 이성 캐릭터를 사랑하는 2차원 연애도 드물지 않듯이, 차원이 둘 있으면 감정도 움직일 수 있다.

그렇다면 지성 측면에서는 어떨까? 2차원 공간에서 인류와 같은 지적 생명의 뇌에 요구되는 네트워크 회로를 만들 수 있을까? 단순한 원형 회로는 만들 수 있을 듯하다. 그러나 회로 여러 개가 필요하면 회로를 입체적으로 조립할 수 없어 아무래도 회로끼리 겹치게 된다. 그래서는 합선이 될 가능성이 크다.

개인적으로는 어느 정도 지성을 지닌 생물이 우주에 존재하기 위해 결정적으로 필요한 설정 중 하나는 3차원 이상의 공간이라고 생각한다. 물론 우주 입장에서는 지적 생명체가 있든 없든 상관없다는 반론이 당연히 있을 것이다.

양자역학에서는 '우주는 어떤 단계에서 지적 생명체에 관측되어야 한다'라고 생각한다. '나는 생각한다. 고로 나는 존재한다'는 아니지만 과학이라기보다는 철학의 유식사상唯識思想(마음 외에는 어떤 것도 존재하지 않는다는 불교 사상—옮긴이) 같아서 쉽게 받아들일 수 있는 생각은 아니다. 그러나 양자역학이 얼마나 황당한지는 이미 여러분도 알고 있을 것이다.

우주는 자신을 관측해 줄 존재가 나타나도록 진화하면서 때를 기다리고 있다고 생각해서 안 될 것도 없다. 적어도 현시점에서의 물리학은 그 가능성을 배제하지 못한다. 그러므로 공간은 지적 생명체가 태어나도록 3차원이 되었다고 생각해도 무방하다. 여러분도 이 책을 끝까지 읽은 뒤에 나름대로 생각해 보기 바란다. 그렇게 해 준다면 기쁠 것이다.

그렇다면 공간의 조건으로는 적어도 3차원이면 좋고 더 늘어나도 상관없는 것일까? 이번에는 공간이 4차원인 세계를 생각해 보자. 이 경우 공간+시간이 4+1인 5차원의 시공 다양체가 된다.

이 세계에서는 문제가 하나 있다. 지구처럼 별 주위를 도는 행성의 궤도가 안정적이지 않다는 것이다. 행성의 공전 궤도가 안정되려면 행성이 별에 잡아당겨지는 중력과 행성이 궤도 밖으로 튀어 나가려 하는 원심력이 정확히 균형을 이뤄야 한다. 그리고 정확한 균형은 공간이 3차원인 것에 밀접한 관련이 있다.

조금 어려운 이야기지만 행성에 걸리는 원심력이 어떤 형태가 되느냐는 공간의 차원과는 상관이 없다. 그러나 중력이 어떤 형태가 되느냐는 공간이 몇 차원인가와 커다란 관계가 있다. 공간이 4차원 이상이 되면 행성이 조금이라도 궤도 바깥으로 나가면 중력이 지나치게 약해지고, 반대로 조금이라도 궤도 안쪽으로 들어가면 중력이 지나치게 강해져 궤도를 안정적으로 돌 수 없다. 다시 말해 행성 자체가 안정적으로 존재할 수 없다는 뜻이다.

지적 생명체는 행성 위에서 탄생할 가능성이 크다고 생각하면 상당히 부정적인 사실이다. 그런 의미에서도 공간의 차원 수가 3인 것은 우주에도 정합성이 있는 것일지도 모른다.

차원 수가 많은 세계는 안정적이지 않다

아무래도 우리가 사는 공간이 3차원인 데는 우리의 생각 이상으로 그럴듯한 이유가 있는 듯하다. 그렇다면 공간은 그렇다 치고, 시간의 차원을 3차원으로 높여서 3+3으로 만든 6차원의 시공간에 관해 생각해 보고 이 장을 마치도록 하자. 당연한 말이지만 6차원의 시공간은 물리쟁이가 더없이 사랑하는 대칭형이다. 역시 보고만 있어도 기분이 좋다.

시간의 차원이 늘어나면 자연계의 여러 가지 시스템이 불안정해질 것이다. 예를 들어 이 세상을 구성하고 있는 원소의 부품인 양성자(제4장에서 나왔던 빨간색 레고)에는 수명이 있어서 시간이 지나면 붕괴해 버린다. 그러면 원소가 흩어지면서 지구도 우리도 끝장이 난다. 다만 양성자의 수명은 우주의 나이보다 길다고 알려져 있기 때문에 당분간은 괜찮을 것이다.

문제는 시간의 차원이 늘어나면 장담할 수 없다는 점이다. 1차원일 때는 수명을 결정하는 기준이 하나였다. 하지만 차원이 늘어나면 그 수도 늘어난다. 어떤 시간 방향에서는 장수하고 안정적이어도, 다른 시간 방향에서는 단명하고 불안정한 상황이 일어날 가능성이 크다. 내진 구조를 내세우는 빌딩이 횡적 진동에는 강하지만 다른 방향의 진동에는 취약하듯이, 측정하는 시간축이 늘어날수록 불안정해서 붕괴할 확률이 높아진다고 생각하는 편이 자연스럽다. 개인적으로는 공간을 포함해 차원 수가 늘어나면 애초에 안정이라는 개념이 존재하지 않을 수도 있다고 생각한다.

'시간의 차원이 2차원, 3차원, 혹은 그보다 더 큰 차원이어서 이런 불안정함을 회피하기 위해 쓸데없는 차원들이 작게 뭉쳐져 1차원처럼 보이는 것은 아닐까?'와 같은 망상을 해 보는 것도 흥미롭다.

제6장에서는 시간의 차원에 관해 살펴봤다. 상당히 황당한 이야기도 있었지만 결국 시간의 역행을 실현하기 위해 다른 차원 수를 생각하는 것은 조금 무리인 듯하다(그림6-2). 다만 '시간은 2차원이다'라는 물리학에서는 터부시된다고 할 수 있는 이론에 관해서도 실제로 학술 논문이 발표되고 있으며 지금도 논의하고 있는 연구자가

그림6-2 여러 가지 차원에서 일어나는 일

공간의 차원 수와 시간의 차원 수를 다양하게 조합해 보면 다음과 같다.

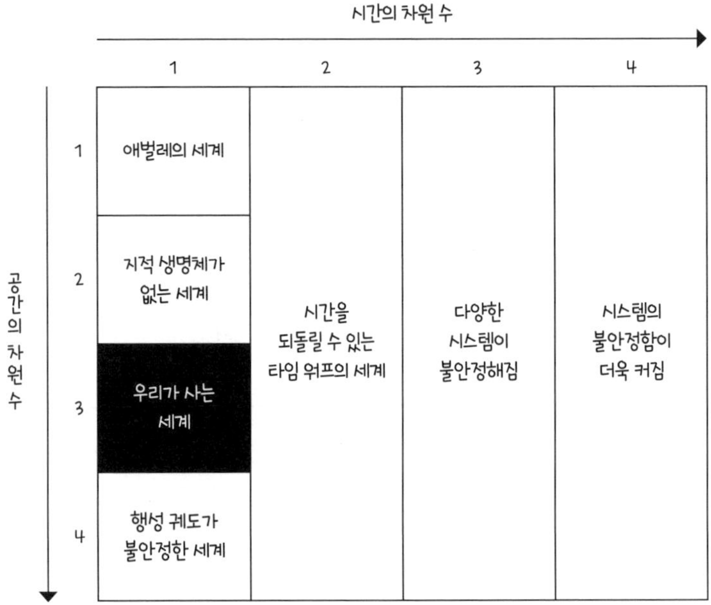

시간의 차원 수 →

공간의 차원 수 ↓

<table>
<tr><th></th><th>1</th><th>2</th><th>3</th><th>4</th></tr>
<tr><td>1</td><td>애벌레의 세계</td><td rowspan="4">시간을 되돌릴 수 있는 타임 워프의 세계</td><td rowspan="4">다양한 시스템이 불안정해짐</td><td rowspan="4">시스템의 불안정함이 더욱 커짐</td></tr>
<tr><td>2</td><td>지적 생명체가 없는 세계</td></tr>
<tr><td>3</td><td>우리가 사는 세계</td></tr>
<tr><td>4</td><td>행성 궤도가 불안정한 세계</td></tr>
</table>

있다는 사실을 덧붙이고 싶다.

이를테면 지금까지의 물리학 방정식은 시간을 전부 1차원으로 전제했다. 그런데 이를 2차원으로 전제하고 풀면 어떤 일이 일어날지 조사하는 식이다. 가령 파동의 전달 방식을 나타내는 파동 방정식의 경우 시간이 2차원이 되면 안정적으로 전파되던 파동이 갑자기

불안정해져 전달되지 않는다. 과학의 세계에서는 아무리 마이너 분야로 생각되는 연구라도 어느 순간 주류가 되는 일이 충분히 일어날 수 있다.

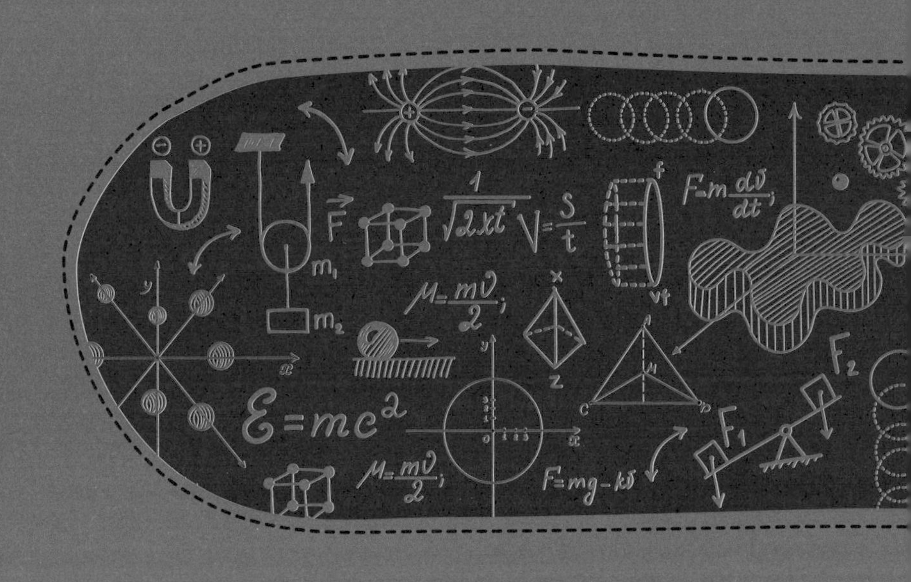

E=mc²
F=m dv/dt;
V=S/t
F=mg-kv
m₁
m₂
F₁
F₂

제7장

양자중력 이론과 시간

시간에 관해 생각하기 위한 세 번째 단서 '크기'에 주목하면서 시간이 역행할 가능성을 모색해 보자. 시간의 크기가 무엇인지에 대해서는 제2장에서도 조금 설명했다.

시간의 크기는 두 가지 의미가 있다.

(1) 시간은 늘어나고 줄어들며 크기가 변한다는 의미에서의 크기

(2) 시간에 최소 단위가 있을지도 모른다는 의미에서의 크기

(1)에 관해서는 아인슈타인의 일반 상대성 이론을 통해 도출되었다고 제3장에서 설명했다. 중력이라는 공이 시공간을 트램펄린 그물처럼 움푹 들어가게 한다는 이야기를 기억하는가? 이때 시공간이

움푹 들어갈 뿐만 아니라 시간이 흐르는 속도도 느려진다.

(2)는 시간을 계속 분할하면 마지막에는 소립자 같은 최소 단위가 되지 않겠냐는 생각이다. 양자세계가 황당하다는 이야기를 여러 번 했는데, 시간도 양자 중 하나가 아니냐는 것이다. 제5장에서 맥스웰의 도깨비가 부활해 시간이 역행했듯이, 양자세계에서는 시간에 관해서도 무슨 일이 일어난들 이상하지 않다.

그렇다면 시간의 크기에 관해서는 (1)의 중력과 (2)의 양자라는 두 가지 키워드를 바탕으로 생각해 나가는 것이 좋겠다. 다만 이 두 가지를 함께 생각하는 일은 상당히 골치 아프다.

자연계에는 힘이 네 가지밖에 없다

먼저 자연계에서 아주 중요한 아이템임에도 지금까지 거의 언급하지 않았던 '힘'과 그중에서도 이단자라고 할 수 있는 '중력'에 관해 다시 한번 소개하겠다.

이 세상의 자연 현상은 전부 기본이 되는 네 가지 힘 중 어느 하나가 일으킨 것이다. 지구뿐만 아니라 우주의 어떤 장소든 마찬가지다. 네 가지 힘은 전자기력, 강력, 약력, 중력이다. 순서대로 소개하겠다.

(1) 전자기력

전기의 힘과 자기의 힘을 합쳐서 전자기력이라고 한다. 언뜻 별개로 보이는 두 힘은 사실 동일하다. 조명을 밝히고 모터를 돌릴 뿐만 아니라 우리가 평소에 느끼고 있는 힘은 중력을 제외하면 전부 전자기력이다. 또한 전자와 원자핵을 결합해 원자를 만드는 힘이나 원자와 원자를 결합시켜 분자를 만드는 힘도 전자기력이다.

(2) 강력

다음에 소개할 약력도 그렇지만 처음 들어 본 사람은 아마도 이상한 명칭이라는 생각이 들 것이다. 강력이란 쿼크를 결합시켜 양성자(빨간색 레고)나 중성자(파란색 레고)를 만들고, 나아가 양성자나 중성자를 결합해 원자핵을 만드는 힘이다. 우리가 평소에 느끼기에는 크기가 너무 작지만 쿼크 가족이나 양성자 일족, 중성자 일족을 묶는 보이지 않지만 가족의 강한 유대가 되는 힘이다.

(3) 약력

전자기력보다 훨씬 약해서 이런 이름이 붙었다. 간단히 말하면 소립자에는 시간이 지나면 붕괴되는 성질을 지닌 것이 있는데(원자핵의 베타 붕괴, 중성자의 붕괴 등) 약력이 그 원인이다. 원자력 발전소 사고 등 뉴스에서 자주 듣는 방사성 물질도 약력이 원인인 사례다.

우리와는 인연이 먼 이런 힘도 자연계에서는 중요한 역할을 담당하고 있다.

(4)의 중력을 소개하기에 앞서 세 가지 힘의 공통점을 먼저 밝히겠다. 의외로 생각될지도 모르지만 세 가지 힘은 작용할 때 소립자를 매개체로 삼는다. 전자기력이 작용할 때는 광자를 매개체로 삼아서 작용할 상대와 광자를 교환한다. 강력이 작용할 때는 글루온을, 약력이 작용할 때는 W입자나 Z입자를 매개체로 삼는다. 참고로 이렇게 힘의 매개체가 되는 입자를 '보스 입자'(혹은 보손)라고 부른다. 대중적으로 잘 알려진 전자기력과 조금은 마니악한 강력, 약력 세 가지가 보스 입자가 전달하는 힘인 것이다. 이러한 사실을 알게 된 것도 양자역학의 커다란 성과다.

자연계의 가장 특이한 힘, 중력

이제 네 번째 힘인 중력을 소개하겠다.

여러분도 알고 있듯이 중력은 물체의 무게로, 우리가 가장 친숙하게 느끼고 있는 힘이다. 질량을 지니고 있는 모든 물체에 작용하므로 가장 보편적인 힘이라고도 할 수 있다. 그러나 다른 세 가지 힘과 비교하면 중력은 상당히 특이한 놈이다.

먼저 중력은 다른 세 가지 힘처럼 보스 입자를 매개체로 삼는지, 삼지 않는지 모른다. 일단 '중력자'라는 가상의 소립자가 전달하는 것으로 예상하고 있지만 아직 중력자는 발견되지 않았다.

한편 일반 상대성 이론에서는 이미 시공간이 트램펄린의 그물처럼 움푹 들어감에 따라 중력이 만들어진다고 설명했다. 중력은 네 가지 힘 가운데 유일하게 기원이 다르다. 중력자가 발견된다면 깔끔하게 다른 힘과 같은 기원으로 통일되겠지만 그런 소립자는 없을지도 모른다.

사실 중력은 다른 세 가지 힘과는 비교도 안 될 만큼 작다. 네 가지 힘의 크기 순서는 다음과 같다.

강력 > 전자기력 > 약력 > 중력

전자기력의 크기를 1이라고 할 때 각 힘의 크기를 나타내면,

강력은 10^{6}이므로 1,000,000이다.

약력은 10^{-4}이므로 0.0001이다.

그리고 중력은 무려 10^{-36}이므로,

0.000000000000000000000000000000000001이다.

아무리 중력이 가장 작다고 해도 다른 세 가지 힘과 너무 차이가 크지 않는가?

중력에는 신기한 특징이 또 있다. 상대에 잡아당기는 힘만 미친다는 것이다. 다른 세 가지 힘은 상대를 잡아당기는 인력과 밀어내는 척력을 균형 있게 지니고 있는데, 어째서인지 중력만 일방통행이다. 여기에서는 시간의 화살 냄새가 희미하게 나는 듯하다. 그리고 큰 규모에서 보면 다른 세 가지 힘은 인력과 척력이 상쇄되어 커다란 힘이 되지 않는 경우가 많은데 비해 중력은 일방통행이어서 인력만 아주 먼 곳까지 전해진다.

게다가 중력은 앞에서도 언급했듯이 질량만 있으면 어떤 물질에나 작용한다. 그 힘은 암흑물질이나 암흑에너지에도 미친다. 그래서 본래 엄청나게 작은 힘임에도 광대한 우주에서는 중력의 지배력이 전자기력이나 강력을 압도적으로 웃돈다. 티끌도 모으면 태산이 되는 법이다.

이처럼 중력은 네 가지 힘 가운데 가장 이질적인 존재다. 어느 별에 사는 외계인이든 자연계 힘이 네 가지 정도라는 사실은 알고 있을 것이다(우주의 표준 지식이 틀림없다). 기록이나 표현 방식은 문명에 따라 다를 테지만 네 가지 힘 중 중력을 각별히 다루는 것은 어떤 별에 살든 다르지 않을 것이다.

한번은 강연을 하다 어떤 학생에게 이런 질문을 받았다.

"영화 〈스타워즈〉에 나오는 포스 같은 힘이 정말로 있나요?"

나는 이렇게 대답했다.

"만약 그런 힘이 있다면 반드시 네 가지 힘 중에 하나일 겁니다. 가능성이 가장 큰 힘은 중력이겠지요. 암흑물질에도 작용하는 중력을 조종할 수 있다면 손을 대지 않고 먼 곳에 있는 물건을 끌어당길 수도 있습니다. 중력을 진정으로 이해할 수 있다면 우주의 지배자가 될 수 있을지도요(웃음)."

조금 지나치게 부추겼는지도 모르지만 학생들이 자신이 죽은 뒤 100년이 지나서야 비로소 결실을 맺을 정도의 장대한 연구에 몰두해 줬으면 하는 바람에서 이런 대답을 했다. 바라건대 포스가 그의 뜻과 함께하기를.

우리가 사는 지구에서 누구보다 먼저 중력을 이해한 아인슈타인은 지구인을 대표해서 일반 상대성 이론이라는 중력 이론을 완성했다. 제6장에서 아인슈타인 방정식을 소개했을 때 우변을 우주라는 그릇 속 물질이나 에너지 총량이라고 말했는데, 다시 말해 우주 중력의 총합이다. 그 방정식이야말로 중력이 시공간의 일그러짐에서 생겨남을 지구에서 최초로 제시한 것이었다. 시공간에 잔물결이 생긴다는 것을 아인슈타인이 예언한 지 100년 후, 중력파가 관측되어 일반 상대성 이론이 옳았음이 증명되었다. 말 그대로 자신이 죽은 뒤 100년 후에 결실을 맺은 연구라고 할 수 있다.

전 세계 물리학자들의 간절한 소원

지금까지 중력에 관해 한참 이야기했는데 이유가 있다. 중력이 이만큼 우주에서 중요한 힘임에도 현시점에서는 다른 세 가지 힘처럼 소립자의 활동으로서 이해하지 못하고 있다. 중력만이 일반 상대성 이론을 기원으로 삼고 있고, 양자역학과 연결되어 있지 않기 때문이다. 아인슈타인 방정식에서는 중력이 곡률을 나타내는 'R'(리치 스칼라)이라는 단 하나의 항에서 도출된다. 양자역학으로 이어지는 중력자라는 입자의 존재는 아직 인식되지 않고 있다.

그러나 여러분도 이미 알고 있듯이 자연계에는 거시세계와 미시세계가 있으며 미시적인 관점에서 보지 않고서는 진정으로 이해할 수 없는 것이 많다. 그리고 미시세계를 보기 위한 소위 '엿보기 안경'이 양자역학이다. 중력처럼 중요한 힘을 양자역학으로 들여다보지 못한다는 것은 물리학으로서는 큰 문제다.

중력도 양자역학에서 다루고 싶다. 이는 물리학의 궁극적인 목표라고도 할 수 있다. 호킹 교수도 이를 가능케 하는 이론을 '모든 것의 이론'theory of everything으로 위치시키고 이론을 완성하기를 꿈꿨다. SF 영화라면 이 이론을 손에 넣은 자가 신의 힘을 얻어 세계를 지배하게 될 것이다. 커다란 웃음과 함께.

힘을 통일된 하나의 이론으로 다루고 싶다는 물리학자의 바람은 현재 전자기력과 약력을 합치는 단계까지 성사되었다(그림7-1). 이를 '전약 통일 이론'electroweak theory 혹은 공헌자의 이름을 따서 '와인버그-살람 이론'weinberg-salam theory이라고 부른다. 다음은 이것과 강력을 합친 이론이 목표인데, 여기에는 '대통일 이론'이라는 이름이 붙어 있기는 하지만 아직 완성되지 않았다. 다만 힘을 매개하는 소립자는 알고 있으므로 길은 보인다고 할 수 있다.

문제는 중력을 포함한 네 가지 힘 모두를 합치는 일이다. 21세기가 된 지 20여 년이 지났지만 어떻게 해야 좋을지 축이 되는 아이디어조차 나오지 않았다. 다만 명칭이 먼저 결정되어 '양자중력 이론'quantum gravity theory으로 불린다. 이 이론이야말로 전 세계 물리학자들의 간절한 소원이다.

양자중력 이론의 완성을 어렵게 만드는 점은 중력을 양자화할 때 중력을 매개하는 소립자(예를 들면 중력자라고 가정된 것)에 크기가 없다는 것이다. 중력에 국한된 이야기가 아니다. 물질의 최소 단위인 소립자는 아주 작은 점인데 그 점에는 크기가 없다. 문제는 이 경우 골치 아픈 일이 일어난다는 점이다.

여러분은 수학에서 절대로 해서는 안 되는 일이 딱 하나 있다는 것을 알고 있는가? 선생님의 머리를 때리는 것? 아니다. 정답은 0으로 나누는 것이다.

어떤 수든 0으로 나누는 나눗셈은 '발산'(수학 개념으로 어떤 값이 무

그림7-1 네 가지 힘의 특징과 이론의 통일

중력을 포함한 네 가지 힘을 전부 통일하는 것이 양자중력 이론이다.

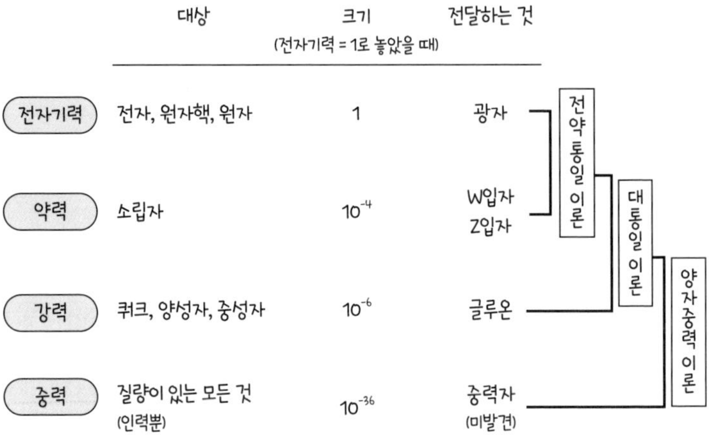

	대상	크기 (전자기력 = 1로 놓았을 때)	전달하는 것
전자기력	전자, 원자핵, 원자	1	광자
약력	소립자	10^{-4}	W입자 Z입자
강력	쿼크, 양성자, 중성자	10^{-6}	글루온
중력	질량이 있는 모든 것 (인력뿐)	10^{-36}	중력자 (미발견)

전약통일 이론
대통일 이론
양자중력 이론

한히 커지거나 작아지는 것을 말한다. 반대 개념인 수렴은 어떤 값에 점점 가까워지는 것을 의미한다.—옮긴이)이라고 해서 답이 무한대가 되기 때문에 금지되어 있다. 그리고 소립자에 크기가 없다면, 즉 크기가 제로라면 양자역학에 필요한 계산을 할 때 0으로 나누는 금기를 저지르게 되는 것이다.

사실 전자기력도 크기가 제로인 광자를 매개체로 삼는 힘이기 때문에 역시 발산의 문제가 따른다. 그러나 전자기력의 경우는 '재규격화'라고 해서 문제를 좀 더 미시세계로 밀어 넣는, 어찌 보면 떠

넘기기라고도 할 수 있는 방법으로 위기에서 빠져나올 수 있다. 이렇게 말하면 왠지 기회주의 같지만, '재규격화 이론'을 각자 독자적으로 발견한 물리학자 도모나가 신이치로와 줄리언 슈윙거Julian Schwinger, 리처드 파인만Richard Feynman은 1965년 노벨 물리학상을 받았다. 도모나가는 제4장에서 소개한 양자역학을 소재로 한 미스터리 소설 〈광자 재판〉을 쓴 사람이다.

그렇다면 중력에도 재규격화를 사용하면 되지 않을까? 안타깝지만 중력은 자연계의 가장 기본이 되는 공간과 시간, 즉 시공간을 상대하는 힘이기에 달리 떠넘길 곳이 없다. 이게 바로 양자중력 이론의 어려운 점이다.

그래도 인류는 양자중력 이론이라는 간절한 소원을 향해 조금씩 나아가고 있다. 현재는 유력 후보로 여겨지는 아이디어가 두 가지 제창되었다. 하나는 '초끈 이론'superstring theory이고, 다른 하나는 '루프 양자중력 이론'loop quantum gravity theory이다. 두 아이디어는 접근법이 상당히 다른데, 먼저 초끈 이론부터 살펴보자.

초끈 이론이란?

초끈 이론은 간단히 말하면 소립자를 크기가 0인 점이 아니라 길이를 가진 '끈'이라고 생각하는 이론이다. 이렇게 함으로써 0으로 나누게 되어 무한대로 발산해 버리는 어려운 문제를 회피하자는 발상이다. 끈은 각각 요동치고 있으며 움직임에 따라 어떤 소립자인지가 표현된다.

초끈 이론의 또 다른 특징은 제6장에서도 살짝 언급했지만 9차원의 공간과 1차원의 시간이라는 매우 고차원의 시공간을 생각한다는 것이다. '9차원은 대체 뭐야?'라며 머리가 어지러워진 독자도 있겠지만 지금은 신경 쓰지 않아도 된다. 아주 간단하게 설명하면 초끈 이론에서는 물질을 구성하는 '페르미 입자'(혹은 페르미온)와 힘을 매개하는 보스 입자 사이에 대칭성이 있다고 생각한다. 이를 '초대칭성'이라고 한다. 이 원리와 다양한 계산의 결과가 적절히 맞물리도록 조정하면 결과적으로 9+1이라는 고차원의 시공간이 된다는 것이다. 그리고 우리에게는 여분인 6차원의 공간은 인공적인 축소화를 통해 눈에 보이지 않게 된다고 가정한다.

초끈 이론에서는 끈이 두 종류가 있다. 하나는 양 끝에 아무것도 없는 끈 모양이고, 다른 하나는 양 끝이 붙어 있어서 고리가 된 것이다. 전자를 열린 끈, 후자를 닫힌 끈이라고 부른다(그림7-2). 물질을 구성하는 페르미 입자나 전자기력 등의 힘을 전달하는 보스 입자는 열린 끈이고, 중력을 전달하는 중력자는 닫힌 끈이다.

내가 설명하고서 이런 말을 하는 게 조금 우습지만 지금까지의 이야기를 듣고 '아, 그런 것이구나. 이해했어'라고 생각한 사람은 아마

그림7-2 초끈 이론의 두 종류 끈

열린 끈(왼쪽)과 닫힌 끈(오른쪽)이 요동치는 이미지

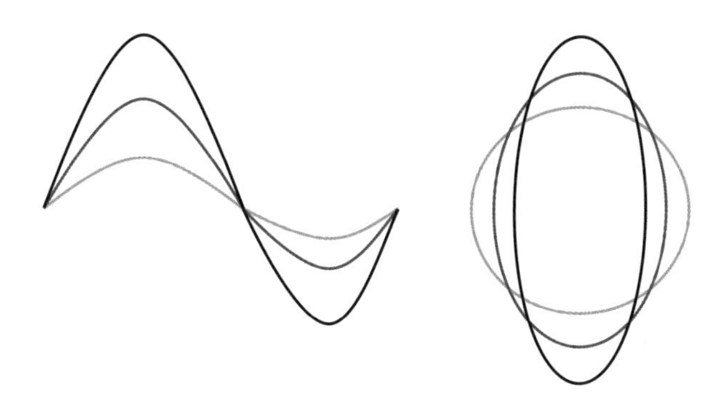

거의 없을 것이다. 왠지 속고 있는 듯한 기분이 들지도 모른다. 그러나 이 내용을 정성껏 설명하려면 책 한 권은 나온다. 솔직히 말하면 이해하지 못해도 이 책을 읽는 데는 지장이 없기 때문에 초끈 이론의 소개는 이 정도로 끝내겠다.

루프 양자중력 이론이란?

양자중력 이론의 또 다른 유력 후보는 루프 양자중력 이론이다. 이탈리아 물리학자 카를로 로벨리가 제창했다.

이 이론에서는 시공간을 현재와 똑같이 3차원의 공간과 1차원의 시간으로 설정했다. 이 부분은 초끈 이론에 비하면 굉장히 온건하다. 다만 시공 다양체를 양자적으로 분산된 것으로 취급한다. 틀림 없이 지금 '응? 그게 대체 무슨 소리야?'라고 생각했을 것이다. 지금부터 설명할 테니 걱정하지 않아도 된다.

제4장에서 양자역학의 기괴한 성질로 '에너지의 양은 띄엄띄엄한 값을 갖는다'라고 했다. 양자역학에서는 에너지가 갖는 값이 빈틈없는 연속적인 것이 아니라 띄엄띄엄한 불연속적이다. 이를 '이산적'이라고 한다. 이와 마찬가지로 연속적이라고 생각했던 시공간도 사실은 불연속적이어서 시간과 공간 모두 띄엄띄엄한 그물눈처럼 이산적인 구조를 띠고 있다고 생각하는 것이다. 구체적으로는 '노드'node라고 부르는 점과 그 점들을 격자 모양으로 연결하는 '에지'edge라고 부르는 선으로 구성된 네트워크가 시공간 전체를 나타낸다고 생각한다.

이 이미지는 수학의 그래프 이론과 비슷하다. 그래프 이론이란 철도나 버스의 노선도, 전기 회로 등을 만들 때 연결 방법을 생각해서 사용하는 이론이다. 최근에는 SNS 같은 사회적인 네트워크 문제를 풀 때 매우 유용하게 사용되고 있다.

루프 양자중력 이론이 예언하는 시공 네트워크에서는 '스핀'spin이라고 부르는 소립자의 회전 방향이 중요한 의미를 지닌다. 그래서 이 네트워크를 종종 '스핀 네트워크'라고도 부른다. 그리고 스핀 네트워크에는 중력을 나타내는 고리가 있는데, 이를 '루프'라고 부르는

그림7-3 루프 양자중력 이론이 생각하는 시공간

스핀을 연결하는 네트워크로 구성된다.

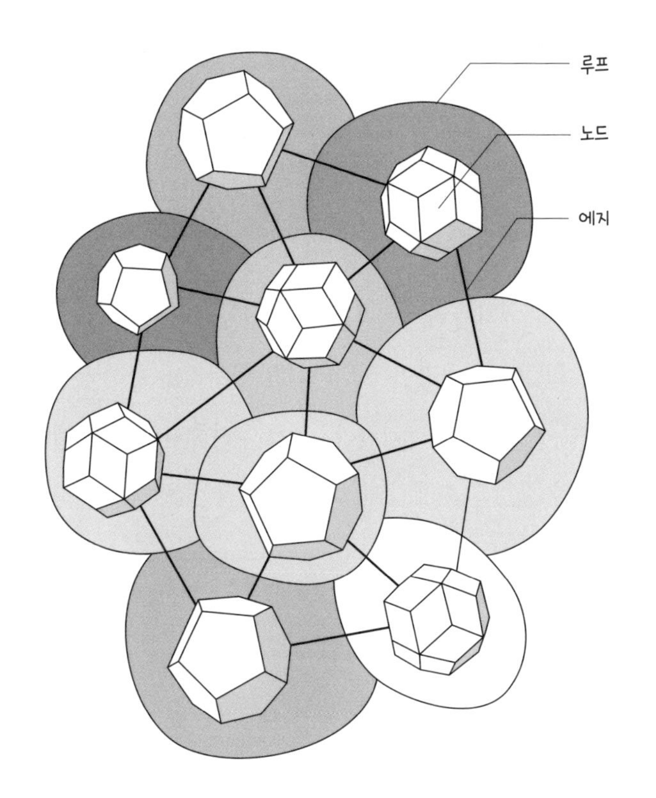

데서 이론의 명칭이 유래했다(그림7-3).

루프 양자중력 이론은 이렇게 시공간을 이산적으로 취급함으로써 공간이나 시간에 그 이상 분할할 수 없는 최소 단위가 있음을 제시하는 이론이다. 그렇게 해서 시공간 자체를 양자화하고 나아가 최소

한의 크기를 부여해 0으로 나누는 발산의 문제도 회피한다. 바로 여기에 초끈 이론과 본질적인 차이가 있다.

초끈 이론에서는 9 + 1 = 10차원이라는 고차원의 시공간을 가정하지만 기존 4차원 시공간에 인공적으로 축소화한 6차원을 만든 것이며, 그런 의미에서는 일반 상대성 이론에서 도출된 시공간의 개념과 크게 다르지 않다. 한편 '루프 양자중력이라는 이론은 시공간의 양자화를 지향하며 일반 상대성 이론과도 양자역학과도 다른 '띄엄띄엄한 시공간'이라는 새로운 시공간 모델을 구축했다.

그런데 정말로 시공간이 띄엄띄엄한 양자라면 공간이나 시간의 최소 단위는 어느 정도 크기일까? 루프 양자중력 이론을 제창한 로벨리는 이를 '플랑크 스케일'이라고 생각한다. 플랑크 스케일이란 양자역학의 아버지로도 불리는 막스 플랑크Max Planck가 제시한 자연계의 다양한 양에 대해 최소라고 생각되는 값의 총칭이다. 플랑크 길이, 플랑크 온도, 플랑크 시간 등이 있다. 이 가운데 플랑크 길이는 10^{-33}센티미터다. 생물의 세포는 아무리 작은 것이라도 10^{-5}센티미터고 원자는 10^{-8}센티미터이므로, 플랑크 길이를 기준으로 보면 초거대 물체가 된다.

또한 플랑크 시간은 광자가 플랑크 길이만큼 나아가는 데 걸리는 시간이다. 구체적으로는 10^{-44}초다. 1억 분의 1초를 10억으로 나누고, 다시 10억으로 나누고, 다시, 또다시…를 4회 하면 이 값이 나온다. 최근에는 미시의 시간을 실험으로 재현하는 연구에서 마침내 '아토초'attosecond(100경 분의 1초)라는 단위의 시간까지 관측하는 데 성공해 화제가 되었는데, 이 아토초조차도 10^{-18}초이니 플랑크 시간에 비하면 마치 영원과도 같은 시간이다.

로벨리는 시공간을 양자화하면 공간은 플랑크 길이가, 시간은 플랑크 시간이 된다고 생각한다. 그의 저서 《시간은 흐르지 않는다》에 따르면 그는 대학 시절에 '10^{-33}'이라고 적은 종이를 침실에 붙이고 '이 규모의 세계에서 무슨 일이 일어나고 있는지 이해하는 것'을 자신의 목표로 삼았다고 한다. 인간이 사로잡혀 있는 거시적 공간의 제약으로부터 자유로워져 미시세계를 이해하고 싶다는 장대한 꿈이 이 이론의 원동력이었을 것이다.

두 이론 중 어느 쪽이 옳은가

중력과 양자를 통일해서 다룰 수 있는 양자중력 이론이 정말로 존재한다면 초끈 이론일까, 루프 양자중력 이론일까? 아니면 다른 새로운 이론일까? 물론 아직 결론을 낼 수 없다. 분명 답은 이 가운데 있을 것이다. 그렇다면 가장 유력한 후보로 여겨지는 두 이론을 비교해 보자.

다시 한번 말하자면 애초에 두 이론 모두 현실의 관측에 바탕을

둔 근거가 있는 것이 아니기 때문에 옳은지 어떤지를 직접 검증하기는 불가능하다. 과학에서는 어떤 이론이 옳을 가능성이 있는지를 결정할 때 '예언성'을 지니고 있는가로 판단한다. 답을 모르는 문제에 관해 설득력 있는 근거를 바탕으로 답을 예언할 수 있느냐는 것이다. 그리고 양자중력 이론에서는 예언성을 판정할 때 일반적으로 '블랙홀의 열역학'이 과제로 제시된다.

블랙홀은 상대성 이론에서 예언된 이른바 '중력 괴물'이다. 한편으로 블랙홀은 '양자 덩어리'로도 볼 수 있다. 블랙홀 표면에는 입자와 반反입자가 끊임없이 달라붙었다 사라지는 이른바 '증발'을 일으키고 있기 때문이다(나의 스승인 호킹 교수가 발견했다). 그리고 블랙홀에 열역학적인 성질이 있다는 것도 보여 준다. 제5장에서 살펴봤듯이 분자나 원자가 모여서 방대한 수가 되면 나타나는 거시적인 현상을 다루는 것이 열역학이기 때문이다. 그러므로 양자역학을 사용해서 중력 괴물인 블랙홀의 열역학적 성질을 계산하는 식을 만들 수 있다면 그 이론은 이 과제에 관해서는 중력 이론과 양자역학을 함께 다룰 수 있었다고 할 수 있으며, 이 경우 양자중력 이론으로서 성공할 가능성도 있지 않을까?

그렇다면 두 이론은 이 과제에 대답할 수 있었을까? 사실 양쪽 모두 과제를 해결했다. 무승부다. 조금 더 구체적으로 설명하면 '블랙홀의 엔트로피는 표면적 크기에 비례한다'라는 관계식을 만드는 데 성공했다. 그러므로 앞으로 다른 무엇인가를 각각 예언하게 하고 관측을 통해 그 예언들을 검증하지 않고서는 어느 쪽이 옳은지 전혀 판단할 수가 없다.

다만 로벨리에 따르면 그들의 연구팀은 현재 블랙홀의 최종 상태인 양자 붕괴를 루프 양자중력 이론으로 계산하는 시도를 시작했다고 한다. 이에 따라 무엇인가 관측 가능한 예언이 나온다면 유력한 판단 재료가 될 것이기에 결과가 기대된다.

한편 초끈 이론은 예언 능력의 비교라는 측면에서는 불리한지도 모른다. 가정하는 시공간이 9차원, 10차원인 까닭에 우리가 생각하는 4차원 세계와의 괴리가 너무 크고, 미지의 차원을 어떻게 다루느냐에 따라 예언이 얼마든지 바뀌어 버리기 때문이다. 현재로서는 고차원의 시공간을 생각할 때 수학적인 기틀을 만들 수 있다는 것 이상의 이점은 없는 듯하다. 솔직히 말하면 나도 초끈 이론이 시공간의 본질을 진지하게 생각하고 있다고는 생각하지 않는다. 다만 루프 양자중력 이론 쪽에서 상대성 이론이나 양자역학과도 일맥상통하는, 과격하기까지 한 참신함을 느낀다.

양자중력 이론의 연구자들 사이에서는 세계적으로 봐도 초끈 이론의 인기가 더 높아 보인다. 루프 양자중력 이론에 적극적으로 몰두하고 있는 사람은 상당히 적은 듯하다. 여기에는 루프 양자중력 이론에는 고도의 수학이 필요하며 그런 수학을 일부 그룹이 주도적으로 구축하고 있는 까닭에 이해가 안 되는 측면이 적지 않다는 점도 영향을 끼치고 있는 듯하다.

한편 초끈 이론의 경우는 주역이 끈에서 '브레인'brane이라고 부르는 막으로 넘어가는 등 수학보다 세계관을 추출한 물리에서 다양한 브레이크스루breakthrough가 일어난 까닭에 관심을 끌기 쉬웠고, 그 결과 참가하는 연구자가 많은지도 모른다. 나 또한 이 유행에 편승해 브레인 연구를 시작했다.

그러나 미국의 고명한 물리학자인 파인만은 초끈 이론에 이런 쓴소리를 했다.

"그들은 아무것도 계산하지 않는다. 끈에서는 쿼크의 질량조차 못 구하지 않는가? 이건 난센스다."

파인만 선생은 끈이 마음에 들지 않았던 듯하다.

시간이 사라졌다!

두 양자중력 이론 후보는 우리의 메인 테마인 시간의 역행에 관해 어떤 가능성을 제시할까?

루프 양자중력 이론은 시공간을 양자화해 시간에도 소립자 규모의 크기가 있음을 제시했을 뿐만 아니라 나아가서는 시간의 존재 자체를 지워 버렸다. 시간이 역행할 수 있느냐 없느냐의 문제가 아닌 것이다. 이번에는 이 놀라운 마술의 트릭을 로벨리의 저서도 참고하면서 밝혀내 보려 한다.

다시 한번 말하지만 일반 상대성 이론은 '시공간은 불변이 아니며 중력의 영향으로 늘어나고 줄어든다'는 사실을 밝혀낸 중력 이론이다. 일반 상대성 이론과 양자역학을 통합적으로 다루기 위해 초끈 이론은 시공간의 경우 본질적으로는 그대로 놔두고 중력을 양자화하는 방법을 생각해 냈으며, 이를 위해 중력자 등의 소립자가 끈으로 이루어졌다고 가정했다. 그에 비해 루프 양자중력 이론이 생각한 방법은 중력이 전달되는 장場, 즉 '중력장'의 양자화였다.

물리학에서는 장이 물질로서 실체를 가졌다고 생각한다. 그리고 양자역학에 따르면 물질은 전부 소립자로 구성되어 있으므로 중력장도 소립자로 구성되어 있다고 생각한다. 중력장은 중력을 전달하는 시공간이므로 공간도 시간도 소립자로 구성되어 있다는 것이다. 이것이 로벨리가 생각한 시공간의 양자화다.

시간도 양자세계의 일원이 되면 곧바로 황당한 일이 일어난다. 그중 하나가 '요동'이다. 소립자인 시간은 불확정성 원리에 따라 이곳저곳으로 요동치기 때문에 위치나 속도를 결정할 수 없다. 결정되는 것은 제4장에서 살펴봤듯이 누군가가 관측했을 때다. 예를 들어 아인슈타인이 생각한 인과율을 나타내는 빛의 원뿔도 요동친다. 빛의 원뿔 그림은 제3장 그림3-2에 있다. 빛이 나아가는 선을 나타내는 경계선은 대각선 45도다. 그런데 시공간이 요동치면 빛의 원뿔도 요동쳐서 시간을 나타내는 방향이 공간을 나타내는 방향이 되는 등 시간과 공간의 교체가 일어난다고 생각할 수 있다(그림7-4). 연구자 중에는 블랙홀의 내부에서 이 현상이 일어나고 있다고 생각하는 사람도 있다. 그곳에서는 이미 공간과 시간조차 붕괴된 상태라는 것이다. 상상을 초월하는 상황이다. 물론 이 이야기는 지나치게 추상적이다. 하지만 그렇게 고지식해 보였던 시간도 양자세계에 속한 순간 불량배가 되어 버린다는 말이다.

그런 (다른 온갖 물질과 마찬가지로) 불확실한 것을 굳이 시간이라고 부르며 특별 취급할 의미가 있을까? 방정식에 굳이 't'라는 변수를 집어넣을 의미가 있을까? 로벨리는 이렇게 생각했다.

시간이란 사전에 정해진 특별한 무엇인가가 아니다. 시간은 방향 지어져 있지 않으며, 현재도 없고 과거도 미래도 없다. 그렇다면 대체 시간의 무엇이 남는가? 남는 것은 오직 관측되었을 때 정해지는 사건끼리의 관계뿐이다. 극히 국소적인 A라는 사건과 B라는 사상 사이의 관계를 말하고 있을 뿐이다. 지금까지는 양자역학의 방정식도 시간의 발전을 전제로 삼았지만, 이제 시간은 무대에서 깔끔하게 모습을 감춰 버렸다. 시간이란 관계성의 네트워크다. 이것이 루프 양자중력 이론의 본질이다. 말하자면 그림 10장을 처음부터 마지막까지 하나의 스토리에 따라서 보여 주는 종이 연극 같은 시간은 환

그림7-4 시간과 공간의 교체

시공간이 요동치면 빛의 원뿔도 요동쳐서 시간의 방향이 공간의 방향이 된다.

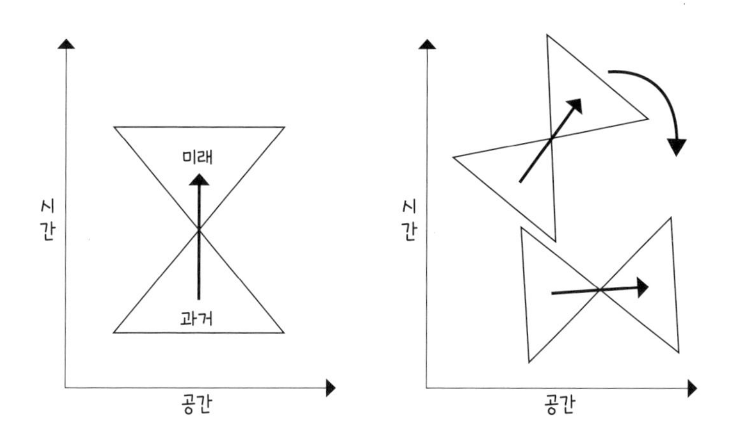

상일 뿐이다. 두 번째 장과 다섯 번째 장의 개별적인 관계를 나타내는 것에 불과하다는 의미다.

이처럼 시간의 진행이 없는 물리학은 1960년대에 미국 물리학자 존 휠러John Wheeler와 브라이스 디윗Bryce DeWitt이 최초로 구축하여 '휠러-디윗 방정식'이라고 부른다. 두 사람은 함께 양자중력 이론을 연구하다 시간을 지운다는 발상에 이르렀다. 이 방정식은 매우 선구적이었지만 오랫동안 연구자들을 괴롭혔다. 풀었다고 해도 시간이 없기 때문에 그 방정식이 무엇을 의미하는지 알 수 없었다.

로벨리의 이론은 현대 물리학을 이용해 이 방정식을 확장한 것이다. 개별적인 양자의 관계성을 스핀의 회전 방향으로 구별해 기술함으로써 시간은 방정식 속에 녹아들었다.

시간은 무지에서 탄생한다

지금까지 '시간은 되돌릴 수 있을까'를 추적해 왔는데, 갑자기 시간이 사라져 버렸다. 그렇게까지는 안 해도 되는데… 라고 말하고 싶은 기분도 들지만 로벨리는 '애초에 역행이라는 주제 자체가 시간은 흐르는 것이라는 환상에 사로잡혀 있다는 증거'라고 말하는 것인지도 모른다.

양자역학에는 지금까지 이야기하지 않았던 중요한 성질이 있다.

$$ab \neq ba$$

우리는 a와 b를 어떤 순서로 곱하든 똑같다고 당연하다는 듯이 생각한다. 하지만 양자세계에서는 그렇지 않다! 양자를 곱하는 데는 엄연한 순서가 있다. 이를 '양자의 비가환성'非可換性이라고 한다. 왜 그렇게 되는지를 아주 간단하게 설명하면, 양자는 요동치고 있어서 양자의 위치가 확정된 뒤에 속도가 확정된 경우와 속도가 확정된 뒤에 위치가 확정된 경우를 비교하면 양자의 상태에 차이가 발생하기 때문이다. 이런 불가역적인 변화에서는 여러분도 시간의 화살의 향기를 느낄 것이다. 로벨리도 이를 '시간의 싹'이라고 표현했다. 실제로 한 방향으로만 나아가는 시간의 흐름은 양자의 비가환성에서 만들어졌다고도 생각된다.

그러나 로벨리는 저서에서 시간의 존재를 명쾌하게 부정했다. 그의 논지를 의역하면 ab와 ba가 같다고 생각하는 것은 우리가 무지하기 때문이다. 이 세계를 매우 허술하게 흐릿한 눈으로밖에 인식하지 못하는 탓에 똑같아 보일 뿐이다. 엔트로피가 존재하는 듯 보이는 것도 이와 마찬가지로 우리가 세계를 모호한 형태로밖에 바라보지 못하기 때문이며, 만약 미시의 층위에서 양자의 상태를 완전하게 알 수 있다면 엔트로피가 나타내는 시간의 일방향성도 사라질 것이라고 로벨리는 단언했다.

물리학에서 시간이란 결국 우리가 미시세계를 상세히 알지 못하기 때문에 생겨난 것이다. 로벨리는 이렇게 결론지은 뒤 다음과 같이 덧붙였다.

"시간이란 무지無知다."

'아킬레우스와 거북' 문제의 정답은?

나는 '시간이 요동친다'라는 발상은 매우 흥미롭다고 생각하면서도

'시간이 사라진다'라고까지 단언하기에는 아직 논리의 비약이 조금 있다고 느낀다. 역시 아직 많은 연구자가 시간이 존재하지 않는다고 공언하는 루프 양자중력 이론에 저항감을 느끼며 대체 무엇을 다루고 있는지 모르겠다고 생각하는 듯하다. 루프 양자중력 이론에 몰두하는 연구자가 늘지 않는 이유의 한구석에는 물리학자라 해도 완전히 벗어 던질 수 없는 시간에 대한 금기 같은 감각이 있다고도 생각된다.

여러분은 제1장에서 내가 낸 숙제를 기억하는가? 그렇다. 아킬레우스가 거북을 따라잡을 수 있는 이유를 어떻게 설명할 것인가, 즉 제논의 역설을 어떻게 논파할 것이냐는 숙제였다. 그리고 이 문제에서 시간은 무한히 작게 나눌 수 있는지 아니면 유한한 크기를 가졌는지가 열쇠라고 말했다.

이제 정답을 발표하겠다. 시간을 무한히 작게 나눌 수 있다면 아킬레우스는 거북을 따라잡을 수 있다. '아킬레우스가 거북을 따라잡는다'는 것은 거북의 위치에 도달하기까지의 시간이 제로가 된다는 뜻이다. 만약 출발했을 때 1이라고 가정하면 이윽고 0.1이 되고 0.001이 되고 0.00001이 된다. 이런 식으로 0이 영원히 계속된다면 그 수는 '무한소'라고 해서 0으로 간주할 수 있으며, 아킬레우스는 거북을 따라잡을 수 있다. 그러나 어딘가에서 1이 나오는 유한한 크기라면 거북을 따라잡을 수 없다. 무한소를 0으로 보는 것에 저항감이 있다면 이렇게 생각하지 못할 것이다.

다만 이 해답은 수학적으로 단순하게 생각한 사례에 불과하다. 제논의 역설에는 그 밖에도 많은 논점이 있다. 놀랍게도 아직 수학자나 철학자들이 그 논점들을 주제로 진지하게 논의하고 있다. 로벨리가 주장하듯이 시공간을 양자화하면 시간은 무한소가 아니라 최소 단위를 갖게 되므로 역설은 풀리지 않게 되지 않을까?

시간을 양자화할 수 있느냐는 문제에는 시간의 본질과 관련된 수많은 주제가 숨어 있으니 앞으로 더욱 흥미진진해질 듯하다.

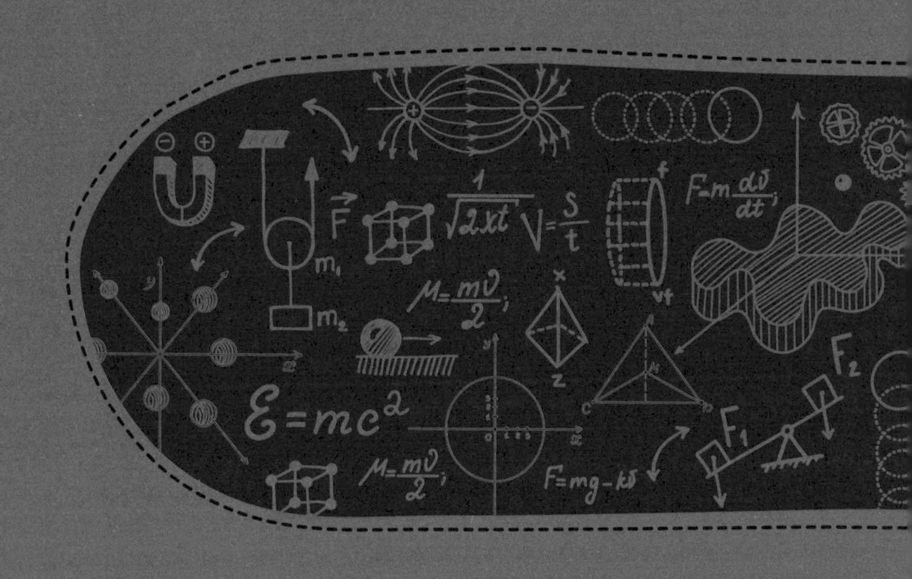

$\vec{F}$
m_1
m_2
$\frac{1}{\sqrt{2xt}}$
$V = \frac{S}{t}$
$F = m\frac{dv}{dt}$;
F_1
F_2
$E = mc^2$
$F = mg - kv$

제8장

순환 우주의 가능성

제7장에서는 양자중력 이론의 두 후보 가운데 루프 양자중력 이론 쪽을 좀 더 많이 편들었다는 느낌이 든다. 역시 '시간이 사라진다'라는 것은 충격이 강렬하기 때문이다. 초끈 이론에 관해서는 조금 부정적인 의견도 말했는데, 초끈 이론이 발전되면서 놀라운 아이디어가 제창되어 왔다. 시간과도 큰 관계가 있는 아이디어여서 이 장에서 소개하려 한다. 시간의 역행을 실현하는 것은 오히려 이쪽일지도 모른다.

끈에서 막으로

초끈 이론에서는 끈이 두 종류 있다고 생각한다. 양 끝에 아무것도 없는 끈 모양의 '열린 끈'과 양 끝이 붙어서 고리 모양이 된 '닫힌 끈'이다. 중력을 전달한다고 가정한, 아직 발견되지 않은 중력자만 닫힌 끈으로 표현하고 다른 물질이나 힘은 열린 끈으로 표현한다.

초끈 이론은 9+1이라는 고차원의 시공간을 생각하기 때문에 아무래도 우리가 사는 3+1의 시공간에서 일어나는 일에 관한 예언성이 떨어질 수밖에 없다. 그래서 잉여인 여섯 개 차원을 작게 접는 축소화라는 조작을 했다. 하지만 역시 부자연스러움을 부정할 수 없었고 이론으로서의 완성도가 그다지 좋지 못했다.

그러나 연구가 진행됨에 따라 열린 끈의 끝이 '막'과 같은 것에 붙어 있다는 것을 발견했다. 발견이라고는 해도 현미경으로 무엇인가를 관찰해서 찾아낸 것은 아니다. 수학적 계산을 통해 알아냈고, 초끈 이론에 거대한 브레이크스루가 되었다. 이 막을 '브레인'이라고 부른다(그림8-1).

브레인은 대체 무엇이며 어떤 쓸모가 있는 것일까?

이 세계의 시공간이 초끈 이론의 예언대로 9+1차원이라고 가정하자. 그중 일부의 좁은 영역에 입자나 에너지가 집중되어 우리가 사는 3+1차원의 시공간을 구성하고 있다는 식으로 생각할 수 있다. 입자나 에너지의 국소적인 집중을 '솔리톤'soliton이라고 부르는데, 영국의 물리학자 존 러셀John Russell이 에든버러의 운하에서 배의 머리에서 발생한 물결이 수면 위를 몇 킬로미터씩 파형을 유지한 채 나

그림8-1 브레인

열린 끈의 끝이 브레인에 달라붙어 있다.

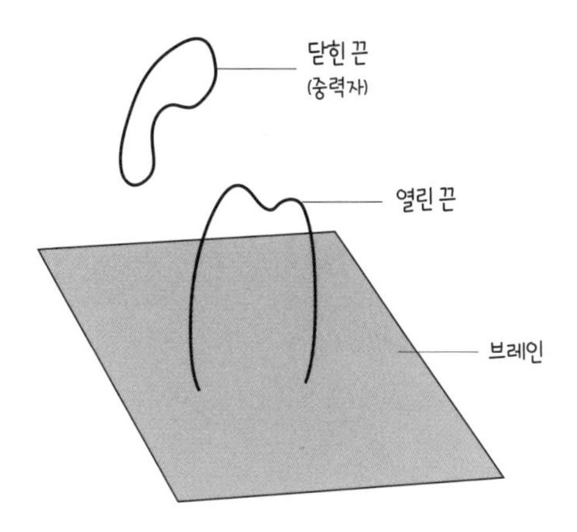

아가는 모습을 보고 발견했다. 수많은 입자 덩어리가 파동이 되면 쉽게 붕괴되지 않으며 이런 솔리톤이 9+1차원 시공간에서 발생하고 브레인이라는 평평한 막이 된 것이 우리가 사는 3+1차원 시공간이라고 생각하는 것이다.

중력을 제외한 모든 물질의 기초인 열린 끈은 브레인 뒤에 양 끝 혹은 한쪽 끝을 붙인 상태로 존재한다. 중력을 나타내는 닫힌 끈은 브레인에 잘려서 열린 끈이 되어 브레인에 달라붙거나 그대로 시공간을 둥둥 떠다닌다. 이처럼 자유롭게 움직일 수 있는 닫힌 끈은 다른 차원에 갈 수 있다.

요컨대 우리는 9+1차원의 시공간에 떠 있는 평평한 3+1차원의

그림8-2 브레인을 통해서 본 새로운 세계상

고차원의 현상은 브레인 위에 실루엣처럼 투영된다.

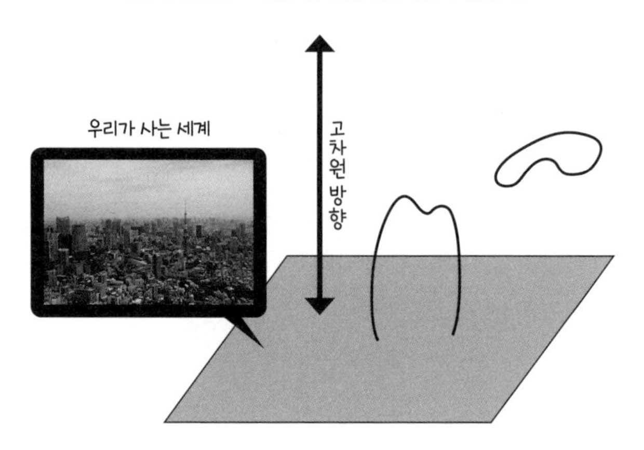

브레인 위에 구속되어 있다. 이 말을 듣고 평평한 면이라는 2+1차원 같은 것을 상상할지도 모르지만 어디까지나 고차원의 막이기에 '공간 3차원의 평평한 면'이다. 제6장의 우주의 형상에서 등장한 '평탄한 3+1차원'의 우주가 바로 그런 사례다. 따라서 이 시공간의 다른 장소에서 일어나는 고차원적인 현상은 전부 말하자면 실루엣처럼 평평한 브레인 위에 투영된 3+1차원의 현상으로 인식된다. 이것이 초끈 이론이 브레인을 바탕으로 새롭게 그려낸 세계상이다(그림 8-2).

브레인의 발견으로 초끈 이론의 약점이었던 여분의 여섯 개 차원은 신경 쓸 필요 없게 되었다. 브레인은 브레인 세계에서 공간 5차원까지만 이동할 수 있다고 생각된다. 그러므로 공간 9차원 전체를 보지 않더라도 공간 5차원까지 생각하면 우리가 사는 세계의 현상을 이야기할 수 있다. 우리는 모든 세상을 브레인이라는 공간 3차원의 평면에 투영된 그림자라고 생각하면 된다. 그 결과 예언의 가능성은 크게 높아졌다. 현재 초끈 이론에서는 끈이 아니라 브레인을 기초적인 입자로 생각한다. 끈에서 막으로 주인공이 넘어간 것이다.

빅뱅은 브레인의 충돌일까?

이 장의 본론은 지금부터다. 브레인은 초끈 이론을 혁명으로 이끄는 대발견이었다. 특히 이론 물리학자인 리사 랜들Lisa Randall이 브레인 모델이 아인슈타인 방정식의 5차원 결과 값이 됨을 보여 준 공이 커서 랜들은 유명 인사가 되었다. 세계의 물리학자들은(나도 포함해) 입을 모아 '브레인 우주'라고도 할 수 있는 새로운 우주상 연구에 몰두하기 시작했다.

고차원 공간에서는 수많은 솔리톤이 존재한다. 그리고 여기에서 수많은 브레인이 탄생하고 있다. 한편 중력을 나타내는 닫힌 끈만 브레인에 구속되지 않기 때문에 시공간을 떠다니며 브레인으로부터 멀어질 수도 있는데, 중력이 다른 세 가지 힘에 비해 크게 약한 이유를 설명하기 위한 실마리가 될 가능성이 있다. 그리고 중력은 이렇게 해서 고차원 공간으로도 이동할 수 있기에 다른 브레인에 인력을 미치기도 한다. 그러면 중력에 잡아당겨진 브레인과 브레인이 서로 접근해 이웃하는 경우도 생각할 수 있다.

1999년 8월 어느 날, 폴 스타인하트Paul Steinhardt와 닐 투록Neil Turok이라는 두 물리학자가 영국의 아이작뉴턴수리과학연구소에서 브레인 우주에 관한 초끈 이론 연구자의 강연을 들었다. 그들의 공저인 《끝없는 우주》에 따르면, 당시 두 사람은 얼굴만 아는 사이였으며 강연을 들을 때도 서로 떨어져 앉아 있었다. 그런데 강연이 끝나자마자 동시에 단상으로 걸어가 어느 한 명이 이런 질문을 했다고 한다. "빅뱅은 브레인 두 장의 충돌이 아닐까요?"

어느 쪽이 질문했는지는 두 사람 모두 기억하지 못했다. 다만 다른 한 명은 질문을 듣고 '나하고 완전히 똑같은 생각을 한 사람이 있다니!'라고 생각했다고 한다.

이 일을 계기로 두 사람은 팀을 결성하고 새로운 우주론 구축에 매진했다. 그들 아이디어의 핵심은 우주를 탄생시킨 이벤트로 여겨지는 빅뱅이란 우리의 우주인 브레인이 이웃한 브레인과 충돌하면서 거대한 에너지가 발생해 불덩이 같은 상태가 된 것이라는 우주 탄생의 시나리오였다(그림8-3).

왜 그들은 이런 황당무계해 보이는 생각에 사로잡힌 걸까? 원동력은 이제 정설로 여겨지고 있는 우주 탄생의 모델에 관한 강한 의

그림8-3 브레인과 브레인의 충돌

브레인 두 장의 충돌로 빅뱅이 일어났다.

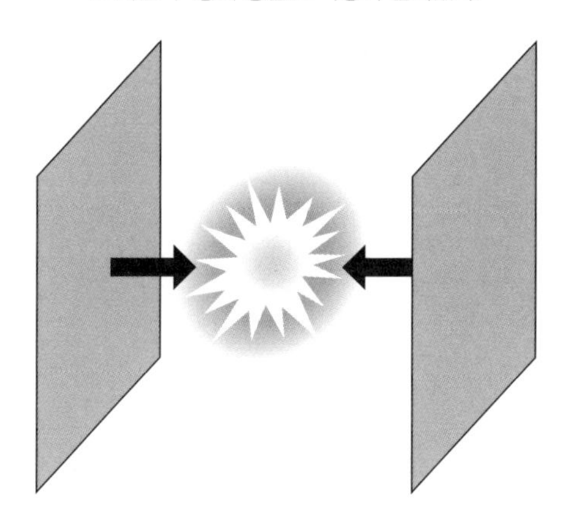

문이었다. 그렇다면 그 모델이 무엇인지 살펴보자.

인플레이션 우주의 창세기

우주가 어떻게 시작되었는지 알기 위해 주목해야 할 것은 일반인들에게도 친숙한 빅뱅이 아니라 빅뱅 이전이다. 모든 것의 시작은 바로 그곳에 있다. 여러 가지 물질부터 은하 같은 거대한 구조까지, 우주라는 그릇에 들어 있는 모든 것의 기원이 되는 밀도의 씨앗이라고 할 수 있는 것도 그곳에서 생성되었다고 생각된다.

그렇다면 빅뱅 이전의 우주는 어떤 곳이었을까? 현재로서는 '인플레이션 우주'라는 모델이 많은 사람의 지지를 얻고 있다. 인플레이션은 '가속적인 팽창'이라는 의미로, 흔히 '인플레'라고 줄여서 부르는 경제 용어에서 따온 것이다. 1981년에 미국 이론물리학자 앨런 구스Alan Guth와 일본 우주물리학자 사토 가쓰히코佐藤勝彦가 동시에 발견했다.

인플레이션 이론이 기술하는 우주 탄생의 시나리오를 간단하게 소개한다. 138억 년 전 우주가 처음 발생했을 때, 초창기 우주는 아주 작은 공간이었다. 그곳에는 '인플라톤'inflaton이라고 부르는 입자만 있었던 것으로 생각된다. 인플레이션을 일으키는 가상의 소립자다. 인플라톤은 엄청난 에너지를 지니고 있어서 우주 공간을 순식간에 터무니없는 크기로 확대시켰다. 10^{-36}초부터 10^{-34}초까지의 아주 짧은 시간 동안 공간을 10^{26}배로 확대시켰다고도 한다. 원자핵 크기였던 것이 일순간에 태양계 크기가 된 것과 같은 엄청난 팽창이다(그림 8-4).

그런데 양자역학에서는 소립자의 위치와 속도에 불확정성 관계가 있어서 어느 한쪽이 요동을 치고 있다는 법칙이 있다. 이 때문에 우주의 최초 순간에 있었던 인플라톤의 밀도도 평균값에 대해 플러스와 마이너스 사이를 요동쳤다. 이 밀도의 요동이 앞에서 이야기한 밀도의 씨앗이 된다. 그러나 이런 양자적인 규모에서는 구조를 만들 수 없다. 밀도가 끊임없이 양과 음 사이에서 요동을 치고 있어서 결

그림8-4 인플레이션의 급격한 팽창

원자핵이 태양계 크기가 될 정도의 엄청난 팽창

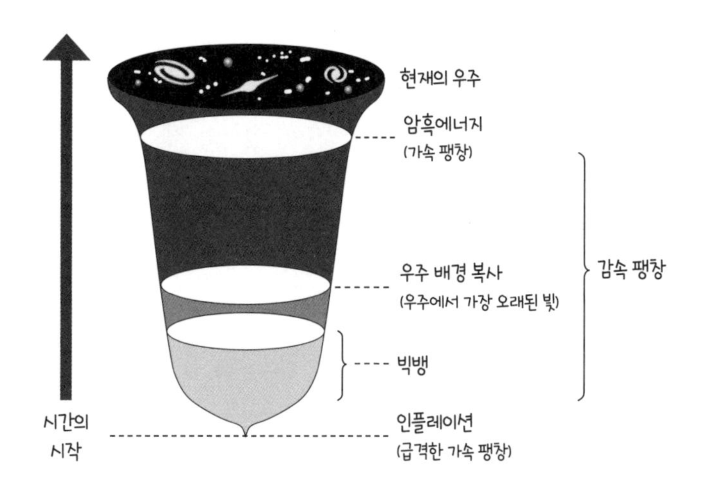

국 총량은 제로가 되어 버리기 때문이다.

이때 인플레이션이라는 마법이 큰 공을 세운다. 맹렬한 급팽창으로 양자적인 밀도 요동이 우주의 구조를 만들 수 있는 크기로 일순간에 잡아 늘여졌고, 그 바람에 마이너스 쪽으로 요동쳐서 제로가 될 틈도 없이 고정되어 밀도의 씨앗이 된 것이다.

아까부터 믿을 수 없는 이야기가 이어지고 있다고 생각되겠지만 놀랍게도 증거가 있다. 우주 공간에는 '우주 배경 복사'CMB라고 부르는 빛이 지금도 날아다닌다. 우주가 탄생한 지 약 38만 년 동안 고온·고밀도인 탓에 직진할 수 없었던 빛이 우주가 식자 속박이 풀려 비로소 똑바로 날 수 있었던, 말하자면 '우주에서 가장 오래된 빛'이다. 그런 신화와도 같은 빛이 지금도 지구에 도달하고 있다는 사실 자체가 굉장히 경이로운 일이다. 그리고 이 빛을 관측하면 인플레이션이 발생했을 때 잡아 늘여졌던 밀도 요동의 흔적을 확인할 수 있다. 《구약성경》의 〈창세기〉에서는 "빛이 있으라."라는 말과 함께 이 세상이 시작되었는데, 우주 배경 복사야말로 138억 년이라는 긴 여행 끝에 우리에게 도달한 최초의 빛이다.

다만 인플레이션 우주가 만들어 내는 이런 현대의 창세기에서는 빛뿐만 아니라 두 가지 암흑 캐릭터가 중요한 역할을 담당했다. 그 중 하나는 암흑물질이다. 밀도의 씨앗이 퍼지는 것만으로는 우주에 별이나 은하 등의 구조가 생기지 않는다. 조직을 만들려면 물질과 물질이 달라붙어 커져야 하는데, 우주는 빅뱅 이후 팽창을 계속하고 있어서 물질과 물질이 점점 멀어지고 있어 달라붙기 위한 중력이 부족하다. 그래서 숨은 조력자로서 존재감을 발휘한 것이 바로 암흑물질이다. 앞에서도 이야기했듯이 우주에는 대량의 암흑물질이 있다. 암흑물질은 인플레이션 후 서로의 중력으로 이곳저곳에 모여서 뭉쳤는데, 이를 토대로 수소나 헬륨 등이 쌓여서 별과 은하가 형성되었다.

또 한 가지는 암흑에너지다. 우주가 빅뱅 이후 급격히 팽창했다고 생각하는 사람도 있을 텐데, 빅뱅 후의 팽창은 시간과 함께 속도가 느려지는 감속 팽창이다. 우주 속에 물질이 생김과 동시에 그 중력의 영향으로 우주가 확대되는 속도에 제동이 걸리기 때문이다. 그러나 빅뱅 이전의 인플레이션에 따른 팽창은 이야기가 다르다. 시간이 지날수록 속도가 점점 빨라지는, 비정상적일 정도로 급격한 가속 팽창이었다. 그래서 밀도 요동도 크게 잡아 늘여진 것이다. 이 팽창을 일으킨 입자가 인플라톤일 것으로 생각되는데, 암흑에너지란 이런 가속 팽창을 가능케 하는 에너지로 생각된다.

'우리는 어디에서 왔는가?'라는 질문은 인간에게 보편적이고 근원적인 의문이다. 이처럼 모든 것의 기원을 거슬러 올라가면 반드시 암흑물질과 암흑에너지에 도달한다. 빛만으로는 우주를 만들 수 없다. 암흑에너지는 제9장에서 아인슈타인과 함께 다시 등장한다.

여기까지가 인플레이션 우주에서 이야기하는 '창세기'다. 이후 관측되고 있는 사실 중 다수가 이 예언을 지지하고 있어 현재로서는 이 모델이 거의 정설로 생각되고 있다.

신에게 의지할 수밖에 없는 걸까?

그렇다면 새로운 우주 탄생 모델의 구조에 열정을 쏟아부은 스타인하트와 투록은 인플레이션의 어떤 부분에 의문을 느꼈던 것일까?

그들이 인플레이션 모델의 가장 골치 아픈 특징으로 꼽은 것은

'시간에 시작이 있다'라는 생각이었다. 인플레이션 이전에는 시간조차 없었다고 한다면 우주는 어떻게 시작되었을까? 그마저도 알 수 없다면 과학자는 대체 무엇을 할 수 있을까? 창조신에 대한 신앙에 모든 것을 맡기는 수밖에 없는 것인가? 그들은 심각하게 고민했다.

신과의 대치라는 측면에서 바라보면 인플레이션은 다음과 같은 문제도 안고 있다. 이미 이야기했지만 양자역학에서 요동치고 있는 소립자의 상태는 관측자가 봄으로써 비로소 한 가지로 결정, 즉 고정된다. 그렇다면 이런 의문이 떠오르지 않을 수가 없다. 인플레이션 이후 급격한 팽창으로 잡아 늘여진 양자 요동이 그대로 고정되었다는 것이 우주 탄생 시나리오인데, 아직 생물은 고사하고 별 등 구조물조차 없는 우주에서 대체 누가 양자 요동을 관측했단 말인가? 아무도 관측하지 않았다면 어떻게 양자 요동은 고정되었을까? 앞에서도 잠시 언급했지만 인플레이션 모델에 따라붙는 고민스러운 문제다.

이제 인류는 종교적인 가치관에서 벗어나 과학을 믿는 시대로 접어들었지만 연구자들조차도 여전히 신 같은 초월적 존재에 의지하지 않고서는 설명할 수 없는 상황을 조우할 때가 있다. 그럴 때면 과학과 종교 사이의 거리는 그다지 멀지 않은 것 같다는 생각도 든다. 생각해 보면 과학자는 많든 적든 자연이라는 이름의 법칙에 숨어 있는 어떤 초월적인 존재를 믿는 인종인지도 모른다. 신에게 기도하는 대신 매일 계산을 하고 있는게 아닐까?

스타인하트와 투록도 신에게 의지하지 않는 창세기를 만들기 위해 학문이라는 롤러코스터를 타고 질주와 급강하를 반복했다고 회상했다. 그리고 마침내 인플레이션을 대신할 우주 탄생 모델로서 과격하다고 할 수 있는 새로운 이론을 만들어 냈다. 그 우주에서는 시작과 끝이 삭제되었다.

순환 우주의 등장

2001년에 스타인하트와 투록이 제창한 '순환 우주'란, 우주에는 시간적 기원이 없으며 수축 → 충돌(빅뱅) → 팽창 → 수축…이라는 사이클을 계속 반복하고 있다는 기발한 모델이다(그림8-5).

우주에는 시작도 끝도 없으며 순환이 반복되고 있다는 아이디어 자체는 70년도 전에 아인슈타인이 '진동 우주 모델'을 제안했었다. 다만 스타인하트와 투록이 제창한 모델은 최신 이론인 초끈 이론에서 브레인 충돌을 예언하고 이를 사이클에 포함시킨 점에서 현대적인 설득력이 있었다.

이 사이클에서 역시 신경이 쓰이는 부분은 수축 과정이다. 빅뱅을 알고 있는 우리는 우주의 팽창이라는 개념에는 익숙하지만 우주가 수축한다는 것에 대해서는 좀처럼 이해하지 못한다. 여기에서 의

그림8-5 순환 우주의 이미지

시간에 시작과 끝이 없다.

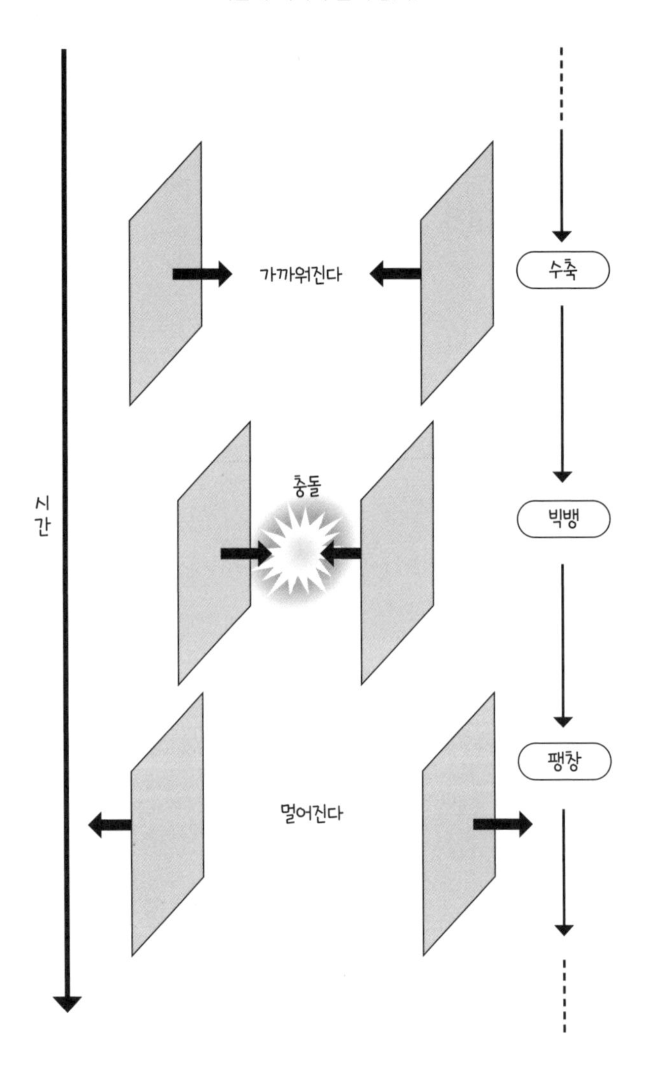

문이 든다. 애초에 왜 우주는 팽창밖에 하지 않는다고 생각했을까? 왜 수축을 하면 안 되는 것일까? 사실 우주의 팽창을 나타내는 방정식에는 시간에 관해 양과 음이 존재하며, 팽창과 수축이라는 두 가지 값에 대응한다. 그리고 방정식은 이 가운데 어느 쪽 값을 취해야 하느냐에 관해 아무런 말도 하지 않는다. 다른 방정식과 마찬가지로 시간의 방향을 정하지 않는 것이다.

다만 다양한 관측 결과를 보면 우주가 수축하고 있다고 생각할 경우, 모순되는 사실이 많이 존재하기 때문에 '현재의 우주는 수축하고 있다'라고 말하는 우주 연구자는 거의 없다.

그러나 이는 어디까지나 현재의 우주에 관해서다. 빅뱅 이전의 우주에는 수축이 금지되어야 할 이유가 없다. 그리고 순환 우주의 순서에서는 빅뱅 이전이 수축이다. 이제부터는 상상을 부풀려 지금 우리가 사는 우주가 앞으로 수축하는 방향으로 향할지 어떨지에 관해 진지하게 생각해 보자.

우주가 수축하면 어떤 일이 벌어질까?

다시 말하지만 우주의 팽창을 나타내는 방정식에서 수축은 시간이 음의 방향으로 진행하는 것에 대응하는 값이다. 우주가 수축할 때는 우리가 추구해 온 시간의 역행이 일어나는 것이다!

상상해 보자. 그곳에서는 바닥에 쏟아진 우유가 컵으로 돌아온다. 이와 마찬가지로 모든 낙하 현상이 원래대로 돌아간다. 빗물은 아래에서 위로 향하고, 야구의 홈런볼은 관중석에서 타자의 배트를 지나 투수의 글러브로 들어간다. 우주 전체 역사도 거꾸로 돌아간다. 달은 산산이 흩어지면서 지구에 흡수되고, 그 직후에 대폭발과 함께 지구에서 화성 정도 크기의 천체가 생겨나 멀리 사라진다. 행성들이 반대 방향으로 자전·공전하는 가운데 화성이나 지구는 점차 작은 암석으로 분열되고, 목성이나 토성은 가스가 되고, 천왕성이나 해왕성은 얼음 알갱이가 되고, 모든 암흑물질의 속박을 벗어나 흩어지며 사라져 간다. 이윽고 태양은 단순한 수소와 헬륨 덩어리가 되어 가스 성운 속에 매몰된다. 그리고 마침내 암흑물질도 산산이 분해된다. 그 뒤에 남는 것은 원시의 밀도 요동뿐이다. 이렇게 해서 우주는 텅텅 빈 상태로 되돌아간다.

다음에는 우리의 우주가 고차원 공간에서 이웃한 브레인과 충돌한다. 빅뱅이다. 순환 우주에서는 이 순간이 수축에서 팽창으로 바뀌는 전환점이며, 이때부터 다시 양의 시간을 흐르는 우주의 역사가 시작된다. 밀도 요동의 주위에 암흑물질이 모이고, 가스가 모이고, 별이 생기며, 은하가 형성되고, 이윽고 별 주위에 행성이 생기고, 바다와 생물이 탄생하고…. 여러분도 알고 있는 우주의 역사, 지구의 역사로 이어진다.

과연 우주는 이런 역사를 수없이 반복해 온 것일까? 이 모델이 옳은지 어떤지는 둘째치고, 재생과 소멸의 윤회를 반복하는 우주는 불교적 세계관과 같다. 생물의 항상성이나 시간의 균형이라는 관점에서도 의외로 잘 맞아떨어지는 시나리오라고 느끼는 사람은 과연 나뿐일까? 브레인과 브레인이 가까워지고, 충돌하고, 멀어지며, 다시 가까워진다는 동작의 반복에서 왠지 생물적인 움직임처럼 느껴지기도 한다. '이 우주는 어떤 거대한 인간의 신체다'라고 생각하는 신앙이 있는데, 브레인의 움직임은 그야말로 심장의 고동처럼 생각되기도 한다.

지금의 우주가 50번째 우주라고?

재미있는 연구가 하나 있다. 수축과 팽창을 반복하는 순환 우주에서는 엔트로피가 1사이클마다 축적되며, 다음 사이클에서는 그만큼 우주 전체의 엔트로피가 증가한다는 연구다. 일본 물리학자 가와이 히카루川合光는 이를 바탕으로 계산한 결과, 현재의 우주는 50번째 정도의 사이클에 해당된다고 제창했다.

그렇다고 하면 여러분이 고민 끝에 지금부터 결단을 내리려 하는 일은 사실 49번째 우주에서 이미 선택한 일인지도 모른다. 앞으로 하게 될 모든 행동, 모든 감동의 순간이나 발견이 사실은 이미 경험한 것들이라면….

20년 정도 전에 일본 드라마 〈기묘한 이야기〉에서 본 '그리고, 반복된다'라는 제목의 에피소드가 기억난다. 어느 날, 지독한 꼴을 당한 남자가 "내일 따위 오지 않았으면 좋겠어."라고 중얼거린다. 그러자 그날 밤부터 오전 0시가 되면 전날 아침으로 시간이 돌아가 똑같은 일이 한 번 더 반복되었다. 그 남자만이 그날의 기억을 가지고 똑같은 하루를 산다. 처음에는 이게 웬 떡이냐며 경마로 큰돈을 벌어 신나게 놀기도 하지만 얼마 지나지 않아 뭐라 말할 수 없는 허무함에 사로잡힌다. 내일이 오지 않는 게 얼마나 견디기 힘든 일인지 깨달은 것이다.

설령 불로불사의 몸이 되어도 영원히 계속되는 나날 속에서 이와 비슷한 감정에 괴로워하지 않을까? 인간은 언젠가 죽을 날이 찾아오기에 죽음에 저항하고 발버둥 치면서 욕망이나 삶의 보람이 생기는 게 아닐까?

이 드라마는 결말도 뛰어나다. 그날 무슨 일이 일어날지는 전부 역사에 기록되어 있으며, 일단 결정된 일은 무슨 짓을 하든 반드시 일어난다. 타임 워프를 해서 과거를 바꿔도 일어날 일은 일어나는 것이다. 고뇌하던 남자는 결국 죽음을 생각하고 그전에 좋아했던 여성에게 고백하려 한다. 이때 여성의 머리 위에 건축 자재인 철판이 떨어지는 것을 보고 여성을 밀쳐낸 뒤 대신 깔리고 만다. 멀어지는 의식 속에서 남자는 눈을 감고 중얼거린다.

"이것으로 만족해…."

다음 순간, 삐삐 삐삐 하는 소리가 들린다. 남자가 사용하는 시계 알람 소리다. 남자는 또다시 똑같은 아침을 맞이했다. 그는 영원히 무한 루프 속에서 죽을 수조차 없다.

만약 이 우주가 정말 순환 우주라면 이전 우주까지의 흔적이나 기억이 우주 어딘가에 보존되어 있지 않을까? 이 남자의 비극을 보면 없는 편이 무조건 좋다는 생각도 들지만.

순환 우주의 위기와 부활

현실적으로 순환 우주 모델은 아직 발전 과정에 있는 아이디어다. 이를 밝혀내기 위해서는 해결해야 할 문제가 많다. 예를 들어 빅뱅을 일으킨다고 생각되는 브레인의 충돌은 사실 지극히 난해한 주제다. 이웃하는 두 장의 브레인에 작용하는 힘에 관해서는 중력이나 전자기력 등 초끈 이론의 범위에서 기술이 가능하지만 실제로 브레인과 브레인이 접근해서 충돌하면 예상할 수 없는 문제가 나타난다. 브레인 한 장이라면 수학에서 말하는 선형적인 현상으로 다룰 수 있다. 하지만 브레인 두 장이 달라붙은 상태는 비선형이라고 해서 선형과는 전혀 다른 예상하기 힘든 현상이 되어 버린다. '끈 이론의 비선형성'이라고 하며 아직 미개척 영역의 어려운 문제다. 또한 브레인은 두께가 없는 한없이 얇은 막으로 추정하는데 두 장의 브레인이 충돌하면 에너지 발산이 일어나는 문제가 있다.

이처럼 충돌이라는 현상에는 많은 난제가 따라붙는다. 순환 우주 모델에서는 이 문제에 관해 엄밀히 계산을 하기보다 개념적으로 논의하는 측면이 어느 정도 있다. 예전에 브레인의 충돌을 간단한 모델로 연구했을 때 알게 되었다. 새로운 우주 모델을 구축할 때 어떤 부분은 간략화할 필요가 있다.

다만 충돌 문제 외에 관측된 사실을 봐도 지금으로서는 순환 우주의 가능성이 상당히 부정적이라는 점을 이야기하고 넘어가야 할 것 같다. 이는 우주 구조의 씨앗이 된 밀도 요동의 생성과 관련이 있다.

2019년 노벨 물리학상을 받은 이론 천체물리학자 제임스 피블스James Peebles의 연구 주제는 원시의 밀도 요동이었다. 그는 '우주에서 가장 오래된 빛'인 우주 배경 복사를 관측해 요동에 관한 이론을 확립하는 데 크게 공헌했는데, 그중 하나로 '파수 의존성'wave number이라는 것이 있다. 우주 배경 복사에서 어떤 파장의 성분이 강한지를 나타내는 것으로, 기존에는 파수에 의존하지 않는 성분만을 비교해 파장의 크기가 같다고 생각했다. 그런데 피블스는 파수 의존성을 고려하며 관측한 결과 빨간 쪽, 다시 말해 파장이 긴 파의 성분이 아주 조금이지만 더 강하다는 사실을 알게 되었다. 빛은 관측자한테서 멀어짐에 따라 빨간 쪽이 강해지는데, 이를 '적색편이'라고 한다. 피블스가 관측한 사실은 우주 배경 복사의 빛이 멀어지고 있다는 것이었다. 즉, 우주가 팽창하고 있음을 보여 준다. 요컨대 인플레이션설을 강하게 뒷받침하는 결과다. 그러나 순환 우주 모델에는 좋지 않은 소식이었다. 우주에 수축기가 있다면 그때는 파란 쪽, 즉 파장이 짧은 파가 강하게 나오는 청색편이가 보일 텐데 청색편이는 관측되지 않았기 때문이다.

다만 이와 같은 부정적인 배경을 감안해 2007년에 이론물리학자 로리스 바움Lauris Baum과 폴 프램튼Paul Frampton은 다른 버전의 순환 우주 모델을 제안했다. 이들은 어떤 특별한 물질을 도입함으로써 순환 우주가 안고 있는 문제를 회피했다. 기묘한 물질 '팬텀'phantom에 관해서는 뒤에서 자세히 이야기하겠다. 여기에서는 이 물질을 우주에 추가함으로써 순환 우주가 재현되는 길이 보였다는 것만 기억해 두기 바란다.

이 장에서는 마침내 시간의 역행을 이론적으로 가능성이 있는 이야기로서 논의할 수 있었다. 나는 조금 감동을 받았는데 여러분은 어땠는지 모르겠다.

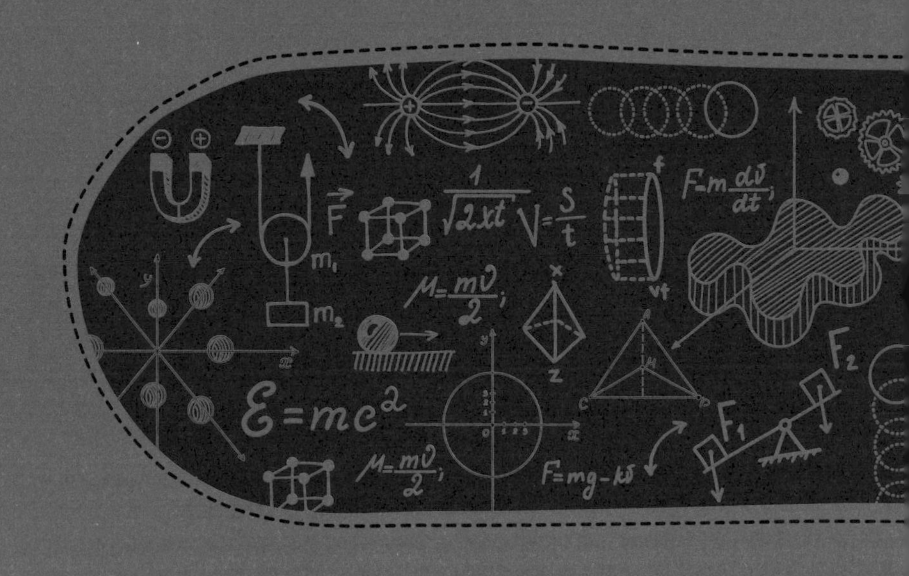

$\vec{F}$
m_1
m_2
$\frac{1}{\sqrt{2xt}}$
$V=\frac{S}{t}$
$F=m\frac{dv}{dt};$
$M=\frac{mv}{2};$
$\mathcal{E}=mc^2$
$F=mg-kv$
F_1
F_2

제9장

시작이 없는 시간을 찾아서

과학자는 관측이나 실험을 통해 얻은 객관적인 사실을 바탕으로 가설을 세우고 자연계 현상을 충실히 재현할 수 있도록 이론 모델을 만든다. 아무리 아름다운 가설도 자연과 맞지 않으면 환상에 지나지 않는다. 때로는 과학자의 사상이 앞서서 이를 재현하기 위해 주관적 가설을 세우는 경우도 있다.

스타인하트와 투록이 순환 우주라는 아이디어를 떠올린 계기는 왜 시간에는 시작이 있느냐는 의문이었다. 시간이 시작되기 전이 무無의 상태였다면 우주가 왜 생겼는지를 설명하기 위해서는 만물의 창조주인 신과 같은 존재를 인정할 수밖에 없는데, 이를 받아들일 수 없었기 때문이다.

빅뱅 혹은 인플레이션이라는 발상이 등장한 후 물리학자들은 좋든 싫든 '시간과 우주의 시작'이라는 문제와 마주해야 했다. 그중에서도 내가 경애해 마지않는 두 스타는 급진적으로 이 문제와 맞섰다.

우주는 조용해야 한다

아인슈타인은 실험을 하지 않았던 것으로도 유명하다. 그는 언제나 자신의 머릿속에서 실험을 했다. 바로 사고실험이다. 그의 혁명적 발견은 대부분 번뜩이는 영감과 함께 자연이나 우주는 이러할 것이라는 사상을 이론화한 결과 탄생한 것들이다. 그중에서도 특수 상대성 이론에 이어 만들어 낸 일반 상대성 이론은 아인슈타인 스스로 "내 인생에서 가장 좋은 아이디어였다."라고 자화자찬할 정도의 야심작이었다. 공간과 시간에 대한 그때까지의 개념을 뿌리째 바꿨으니 그렇게 생각하는 것도 당연하다.

그러나 아인슈타인은 어떤 사실을 깨닫고 깊은 고민에 빠진다. 이 방정식을 우주에 응용해 우주라는 그릇 속에 물질이 있다고 생각하면 우주 자체가 물질의 인력에 잡아당겨져 장기적으로는 수축해 버릴 가능성이 있다. 그는 당시의 상식대로 우주는 수축도 팽창도 하지 않는 정지 상태라고 확신했다. 그 누구보다 혁명적으로 사고하던 그였지만 의외로 우주가 절대적으로 정숙한 공간이라고 믿어 의심치 않았던 것이다.

그림9-1 우주항이 들어간 아인슈타인 방정식

네모 박스로 표시한 항이 우주항이다.

$$R_{\mu\nu}-\frac{1}{2}g_{\mu\nu}R+\boxed{\Lambda g_{\mu\nu}}=\frac{8\pi G}{c^{4}}T_{\mu\nu}$$

아인슈타인은 마침내 자연 현상과 상관없이 멋대로 인위적으로 방정식에 상수를 도입하기로 결정한다. 상수는 어느 정도 자유롭게 집어넣는 것이 허용되므로 결코 반칙은 아니다. 이렇게 해서 아인슈타인 방정식이 나타내는 우주는 그가 바라는 대로 정지되었다. 이 상수를 '우주항'이라고 한다(그림9-1).

그런데 벨기에 천문학자 조르주 르메트르Georges Lemaitre가 우주항의 존재를 알지 못한 채 아인슈타인 방정식을 풀어 보니 우주는 팽창한다는 결과가 나왔다. 그렇다면 시간을 거꾸로 돌리면 우주는 작은 점이 되지 않겠는가! 이렇게 생각한 르메트르는 훗날 고온·고밀도의 미소한 입자가 폭발해서 팽창함으로써 우주가 생겨났다는, 빅뱅이라고 불리는 팽창 우주론을 제창한다.

이 사실을 안 아인슈타인은 노골적으로 혐오감을 드러냈다. 여기에는 르메트르가 가톨릭교회 신부인 데다 작은 입자의 폭발이 〈창세기〉의 "빛이 있으라."를 연상시킨다는 이유도 있었다고 한다. 기독교에서 말하는 유일신의 존재에 강하게 반발했던 아인슈타인은 우주에 시작이 있다는 생각을 단호히 거부했다.

그런데 큰 사건이 일어난다. 일반 상대성 이론이 발표된 지 14년 후인 1929년, 미국 천문학자 에드윈 허블Edwin Hubble이 우주가 팽창하고 있음을 관측한다. 이 사실을 바탕으로 조지 가모프George Gamow가 르메트르의 팽창 우주론을 발전시키면서 그때까지 믿기 어렵다고 여겼던 빅뱅이 정말 있었던 현상으로 생각되었다.

이 책의 주제인 시간의 역행이 인생에서도 가능하다면…이라는 생각은 누구나 한 번쯤 해봤겠지만 천재 아인슈타인도 마찬가지였다. 그렇게 억지로 끼워 맞추려 하지 않고 방정식이 제시하는 동적인 우주를 순순히 받아들여 그 이유를 생각했더라면 빅뱅 이론도 자신이 발견할 수 있었을 텐데. 그는 우주항을 집어넣은 것을 "내 인생에서 가장 큰 실수였다."라고 말하며 계속 후회했다.

만약 빅뱅까지 발견했다면 아인슈타인 본인이 신의 반열에 들어섰겠지만 어쨌든 그의 안타까운 마음은 충분히 이해가 된다.

우주항, 너란 놈은!

정말 재미있는 부분은 지금부터다. 아인슈타인의 우주항은 사실 실수가 아니었다. 오히려 노벨상을 받을 만한 대발견이었다.

아인슈타인이 세상을 떠나고 40여 년이 흐른 뒤, 우주가 가속 팽창하고 있다는 사실이 발견되었다. 우주에 있는 물질의 중력에 잡아당겨져서 팽창 속도가 감속해야 정상인데, 반대로 가속하고 있었던 것이다. 이 비정상적인 사태는 암흑에너지의 소행으로 생각된다. 인플레이션을 일으킨 것과 같은 우주 최대의 암흑 캐릭터다.

이후 자세한 관측을 통해 우주는 시작의 시점에 급격히 가속 팽창(인플레이션)한 뒤 감속 팽창으로 돌아섰지만 약 40억 년 전부터 다시 가속 팽창을 시작했다는 사실도 밝혀냈다. 이 가속 팽창은 '제2의 인플레이션'이라고도 불린다. 이 사실을 발견한 천체물리학자 솔 펄머터Saul Perlmutter는 2011년에 노벨 물리학상을 받았다.

사실 암흑에너지야말로 아인슈타인이 방정식에 삽입한 우주항 그 자체다. 우주를 정지시키기 위해 도입한 우주항은 빅뱅 이론을 통해 우주상이 변함에 따라 약 100년이라는 시간을 거쳐 우주를 가속 팽창시키는 에너지로 재인식되었다. 우주에 시작이 있음을 인정하고 싶지 않았던 아인슈타인이 결과적으로는 자신의 손으로 우주 시작의 원동력을 발견한 셈이다. 역시 대단하다고 해야 할지, 얄궂은 운명이라고 해야 할지. 아마도 아인슈타인은 결과적으로 대발견을 한 셈이 되어 기쁘면서도 "당신이 만든 우주는 역시 당신 생각과 달리 팽창하지 않소?"라는 목소리가 들리는 듯해서 "우주항, 너란 놈은 대체 나를 얼마나 더 괴롭힐 생각이냐!"라며 복잡한 심경을 감추지 못하고 있을지도 모른다.

우주항, 즉 암흑에너지는 힘이라는 의미에서는 시공간에 영향을 끼치므로 중력과 같다고 할 수 있다. 중력에는 인력밖에 없지만 암흑에너지는 바깥을 향해서 작용해 우주를 확장시키는 힘, 다시 말해 척력이 있다. 그렇다면 중력과는 반대 방향의 반反중력일 가능성이 있다. 반중력이라고 하면 SF 팬에게는 우주선의 동력으로 친숙할지 모르겠다. 또한 도라에몽의 대나무 헬리콥터에도 이용되는 모양인데, 정말로 그런 힘이 있을지도 모른다.

제7장에서도 언급했지만 자연계에 존재하는 네 가지 힘(전자기력, 장력, 약력, 중력) 가운데 중력을 제외한 세 가지 힘은 인력과 척력이 존재해 균형이 유지된다. 중력에는 인력만 존재하는데 이 사실이 중력을 특별한 힘으로 간주하는 이유 중 하나다. 암흑에너지는 현재 중력에서의 척력, 즉 반중력일지도 모르는 유일한 예다. 그렇다면 암흑에너지의 진짜 정체는 무엇일까? 우주 최대의 수수께끼다.

암흑에너지가 우주 전체의 물질(에너지 포함)에서 차지하는 비율은 무려 69~70퍼센트에 이른다. 절대적인 영향력을 가진 암흑에너지가 우주를 가속적으로 팽창시키고 있기 때문에 미래의 우주는 텅 텅 빈 허무일 거라는 게 확실시 되고 있다. 스페이스 오페라라면 틀림없이 악의 파괴신으로 등장할 것이다.

"우주를 허무로 만들어 버리도록 내버려 두지 않겠어! 우리가 이 우주를 지킬 거야!"

전 세계 슈퍼히어로들이 이렇게 말하며 힘을 모아 맞선다 한들, 지구인 따위는 우주의 5퍼센트에도 미치지 못하는 중입자밖에 사용하지 못하는 마이너 종족이다. 이미 파괴신은 우주를 장악했기 때문에 안타깝지만 현재로서는 승산이 없다. 앞으로 지구인의 물리학에서 가장 중요한 과제는 틀림없이 파괴신, 즉 암흑에너지의 해명이 될 것이다.

고대 인도의 우주관에서 인간은 우주의 중심인 수미산 위에서 살고, 산이 있는 대지 아래에는 코끼리 세 마리가 있으며, 코끼리 아래에는 거북이 있다는 이야기를 앞에서 했다. 지금 우주의 모든 물질 중에서 차지하는 비중에 대입하면, 암흑물질이 코끼리 세 마리라고 했을 때 그 세 배 정도인 암흑에너지는 거북인 셈이다. 지구인은 정체를 알 수 없는 무엇인가의 이름을 코끼리와 거북에서 암흑물질과 암흑에너지로 바꿨을 뿐이다. 관측을 통해 그런 것들이 있다는 사실은 알았지만 무엇인가는 아무도 알지 못한다. 후대 사람들이 봤을 때는 우리도 코끼리나 거북이 있는 우주를 생각했던 고대인과 별다른 차이가 없다고 느낄지도 모른다.

진공 에너지의 수수께끼

중력에는 인력밖에 없다는 기묘함은 어쩌면 시간의 화살과 관계가 있는지도 모른다. 예를 들어 전자기력은 여러분도 알고 있듯이 플러스 전기와 마이너스 전기를 지니고 있어서 서로 잡아당기기도 하고 밀어내기도 한다. 한편 전자기력은 중력과 매우 비슷한 형태의 방정식을 따르기 때문에 아인슈타인도 여기에 매력을 느껴 중력 이론을 완성한 직후 이 두 가지를 통합해 다룰 수 있지 않을까 하는 생각에 빠져들었다. 결과적으로는 헛수고로 끝나고 마는데, 근본적인 원인은 인력만 나타내는 중력의 불균형성이었다. 아인슈타인을 후회하게 만들었던 우주항, 즉 암흑에너지가 바로 그런 중력의 척력일지도 모른다.

암흑에너지의 정체와 관련해 현재 제안되고 있는 한 가지 가능성은 '진공'이라고 부르는 공간이 사실은 아무것도 없는 장소가 아니라 입자와 반입자가 한 쌍을 이루어 소멸과 생성을 반복해 어떤 에너지가 채워진 곳이라는 것이다. 이를 '진공 에너지'라고 부른다.

이 에너지는 분명히 형태상으로는 아인슈타인 방정식의 우주항과 같은 움직임을 보이기 때문에 암흑에너지의 유력 후보로 주목받고 있다. 그러나 상당히 골치 아픈 문제도 남아 있다. 소립자 물리학에서 예언하는 진공 에너지의 크기에 비해 우주항의 에너지값이 너무 작다. 이를 '우주항 문제'라고 한다.

만약 우주항이 진공 에너지처럼 큰 값이라면 그 효과가 우주에서 나타내는 것이 지나치게 빨라져서 별이 생기기 전에 가속 팽창이 일어나 버린다. 이래서는 우주에 구조가 생겨나지 않으며 생명도 탄생하지 못한다. 그렇다면 우주항으로서 적절한 에너지값은 어느 정도일까? 사실 120자리나 더 작아야 한다. 결코 평범하다고는 볼 수 없는, 부자연스럽다고도 할 수 있는 크기다.

우주항이 이렇게까지 작아야 하는 이유에는 이런 생각도 있다.

'우주에서 별이나 생명이 탄생하기 위해 의도적으로 설정된 조건이 아닐까?'

'뭐? 설정이라니, 대체 누가?'

당연히 이런 이야기로 발전하게 되는데, 이어지는 내용은 뒤에서 '인류 원리'라는 주제가 나올 때 다루겠다.

암흑에너지란 무엇인가? 반중력은 존재하는가? 수수께끼의 답을 알고 있는 외계인을 발빠른 아킬레우스라고 한다면 지구인은 이제야 수수께끼로 인식하기 시작한 느림보 거북 같은 존재다. 또한 자연계에서는 거의 모든 것이 대칭을 이루는데, 어째서인지 물리의 기본 개념 중에는 한쪽밖에 없는 듯 보이는 것들이 있다. 중력은 인력뿐이고, 빅뱅은 팽창뿐이며, 엔트로피는 증가뿐이고, 반입자는 거의 존재하지 않는다. 이에 관해서도 시간의 화살과 함께 묶어서 설명할 수 있는 원리를 이미 발견한 행성이 반드시 있을 것이다. 우리도 조급해하지 말고 조금씩이라도 아킬레우스를 쫓아갔으면 한다.

팬텀이 부활시킨 순환 우주

제8장 마지막에 측정된 사실을 통해 순환 우주의 가능성이 부정적이라는 이야기를 한 바 있다. 우주 배경 복사를 자세히 조사한 결과, 우주의 수축이 있었다는 증거가 발견되지 않았기 때문이다. 그러나 2007년에 로리스 바움과 폴 프램튼이 팬텀이라는 물질을 이론에 추가함으로써 순환 우주를 다른 형태로 부활시켰다. 공로자가 된 그 물질은 암흑에너지와도 관계가 깊기에 소개하도록 하겠다.

팬텀은 영어로 '환영', '유령'이라는 의미다. 너무나도 암흑의 냄새가 느껴지지 않는가? 같은 이름의 미국 전투기가 유명한데 '정체불명' 같은 의미에서 명명된 듯하다.

우주에는 거의 모든 물질과 에너지의 성질을 꿰뚫어 보는 '우주의 상태 방정식'이라는 것이 있다. 물질이나 에너지의 압력(p)을 밀도(ρ)로 나눠서 비(w)를 구하는 식인데, 비의 값 w를 보면 어떤 성질인지 짐작할 수 있다. 가령 우리에게는 통상적인 물질인 중입자는 $w=0$이다. 사실 우주 2위의 암흑 캐릭터인 암흑물질도 거의 같은 값이다. 우주의 상태 방정식을 통해서 봤을 때는 둘 사이에 거의 차이가 없다는 말이다. 양쪽 모두 밀면 압력이 아주 살짝 되밀어 낸다. 우주의 다른 물질 가운데 빛은 $w=1/3$로 중입자보다 조금 강하게 되밀어 낸다.

그러나 암흑에너지는 성질이 근본적으로 다르다. 값은 $w=-1$로 마이너스인 까닭에 힘이 작용하는 방향이 반대다. 밀면 그대로 움푹 들어가는 기묘한 이미지다. 그러니 우주에 대해서는 인력과 반대로 바깥을 향해 확장시키는 척력이 된다. 다시 말해 이 값은 우주항을 상태 방정식에 넣었을 때의 해다.

그렇다면 팬텀은 어떨까? 팬텀의 값은 $w<-1$이다. 암흑에너지보다 마이너스 방향으로 큰, 다시 말해 '강한 척력'인 모습이다. 애초에 그런 것이 자연계에 있느냐는 의문도 있다. 하지만 때로는 그런 상식에 얽매이지 않는 기발한 발상이 거대한 브레이크스루를 낳기도 한다. 실제로 팬텀은 현재 다뤄지고 있는 이론에서는 존재를 인정받고 있다.

바움과 프램튼은 순환 우주에 팬텀을 포함시킨 수정 모델을 제안했다. 그들이 제시한 우주에서는 척력이 매우 강해지기 때문에 우주가 더욱 가속적으로 팽창한다. 속도가 너무나 빠른 탓에 그전까지 우주 팽창으로부터 분리되어 중력의 속박을 받고 있었던 은하 등의 구조가 전부 붕괴되고 만다. 시간이 지나 팽창이 더욱 빨라지면 별이나 행성도 원자의 층위로 분해되며, 최종적으로는 우주 팽창이 '강력'에 따른 속박마저 이겨내 모든 물질이 최소 구성 요소인 소립자까지 분해된다고 생각하고 있다. 이 파국적인 시나리오를 '빅립'big rip이라고 부른다.

중요한 부분은 지금부터다. 팬텀이 있는 순환 우주에서는 빅립이 일어나기 직전에 우주의 어떤 영역이 부분적으로 분리된다. 그런 뒤에 우주의 파편이 다음 우주가 되고, 인플레이션으로 가속 팽창하며, 요동치면서 구조의 씨앗이 생겨나고…. 이렇게 새로운 역사가 시작된다. 다시 말해 우주가 끝나기 직전에 일부가 찢어져 떨어지고, 파편에서 새로운 우주가 탄생하는 순환이 반복된다.

원조 순환 우주와 달리 우주가 수축하는 프로세스가 포함되지 않기 때문에 시간의 역행은 일어나지 않지만 매우 흥미로운 우주 모델이다. 이 우주 모델이라면 스타인하트와 투록이 지향한 '시간의 시작이 없는 우주'가 실현된다. 이 우주 모델은 제창자들의 이름을 따서 '바움-프램튼 모델'로 불린다.

이처럼 물리학자들은 머릿속에서 '만약 이런 물질이 있다면?'이라는 가정을 다양하게 확장해 매일 새로운 가능성을 모색하고 있다. 지금은 터무니없는 발상이라고 생각되어도 만약 수백 년 후에 그 물질이 발견된다면 역전 만루 홈런이 될지도 모르기 때문이다. 물리학자는 그날을 위해 다양한 가능성을 진지하게 찾아 놓을 필요가 있다.

호킹의 허수시간 우주

지금부터는 자신의 사상을 이론으로 만든 또 다른 천재의 이야기를 하겠다. 그가 세상에 태어났을 때는 빅뱅 이론이 정설로 여겨지고 있었다. 그가 물리학자가 되었을 무렵에는 인플레이션 이론도 제창되어 있었다. 그러나 '시간의 시작'을 신에게 맡기는 것이 마음에 들지 않았던 그는 신이 필요 없는 과격한 우주 모델을 고안해 낸다.

우주가 정말 팽창하고 있다면 시간을 역행시킬 경우 마지막에는 하나의 작은 점이 된다. 그 점은 크기가 제로이기 때문에 밀도가 무한대가 되어서 현재의 물리학 틀 안에 있는 온갖 이론이 쓸모없게 된다. 이를 '특이점'이라고 한다. 블랙홀 중심에도 특이점이 존재한다는 것을 23세라는 젊은 나이에 발견해 스승인 로저 펜로즈Roger Penrose와 함께 '블랙홀의 특이점 정리'를 제창했다. 이 천재의 이름은 바로 스티븐 호킹이다.

특이점 정리를 발견하기는 했어도 호킹 교수 자신은 블랙홀 같은 특수한 장소가 아닌 이상 자연계에 특이점은 존재하지 않는다고 생각했다. 물리학이 다루지 못하는 것이 있음을 인정하면 자연에 대해 해명하기를 포기하고 신에게 굴복하게 된다고 생각했기 때문이다.

그는 철저한 무신론자로 알려져 있다.

이 사상을 바탕으로 호킹 교수는 우주의 시작에 관해서도 특이점을 배제한 시나리오를 구축하려 했다. 그 결과 탄생한 것이 허수의 시간이 흐르는 '허수시간'虛時間 우주라는 아이디어다. 허수란 제곱을 하면 마이너스가 되는 수로, 'i'라는 기호로 나타낸다. 여담이지만 내가 와세다대학교에 다닐 때 수학 교수가 "수학에는 i가 있지."라는 농담을 종종 했다. 일본어로 '사랑'을 뜻하는 '아이'愛와 'i'의 발음이 같다는 점을 노린 실없는 말장난이지만, 고지식해 보이는 교수가 열정적으로 이런 농담을 하는 것이 왠지 매력적으로 느껴졌다.

호킹 교수는 우주의 시작에 허수시간을 도입해 특이점의 발생을 회피하려고 했다. 제8장의 그림8-4에서 인플레이션을 통해 팽창하는 우주를 보여줬는데, 간단히 말하면 우주의 윤곽을 나타내는 두 선은 시간을 거꾸로 돌리면 가까워지다 충돌한다. 충돌 부분이 뾰족한 점이 되어 특이점이 발생하는 것이다. 호킹 교수는 뾰족한 점을 뭉툭하게 만들면 되지 않겠냐고 생각했다. 시간의 시작을 한 점으로 만들지 말고 매끄러운 구면으로 연결하자는 것이다.

과거에 지구가 평평하다고 생각한 시대에는 지구에 가장자리가 있으며 그곳에서 떨어지면 죽는다고 두려워했는데, 실제 지구는 구체이며 가장자리는 없다. 이와 마찬가지로 반구형의 주발을 인플레이션의 최초에 씌우면 우주의 가장자리, 즉 시작을 없앨 수 있다는

그림9-2 스티븐 호킹이 생각한 시작이 없는 우주

허수시간을 도입하면 특이점이 생기지 않는다.

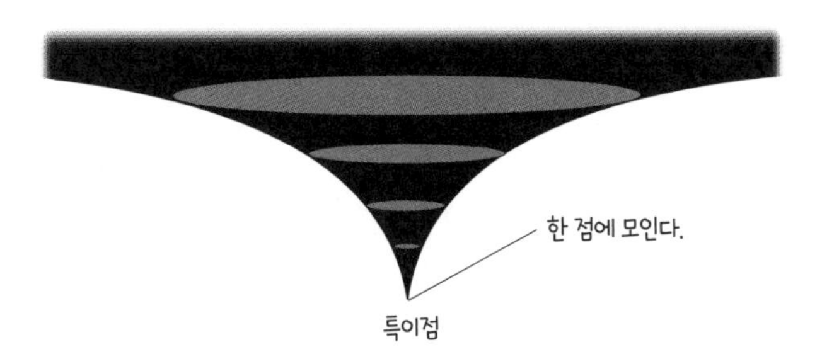

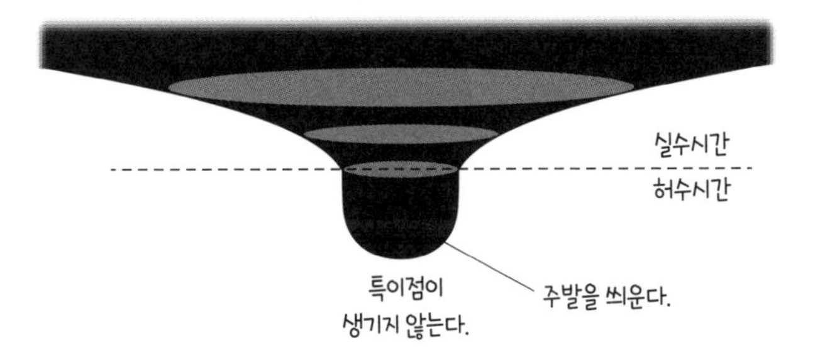

생각이다(그림9-2).

그런데 왜 허수시간을 도입하면 우주 끝에 주발을 씌울 수 있는 것일까? 지금부터 이에 관해 조금 자세히 설명하겠다.

허수시간은 어떻게 특이점을 없애는가?

여러분이 허수시간의 이미지를 떠올리기는 매우 어려울 것이다. 인플레이션이 일어나 어느 정도의 크기가 된 우주에서는 실수시간(평범한 시간)이 흐른다. 반면 인플레이션이 일어날 때 주발을 씌운 우주에서는 허수시간이 흐른다고 가정해 보자. 그러면 허수시간이 흐르는 우주에서 실수시간이 흐르는 우주로 전환될 때 매끄럽게 연결된다. 개념적으로는 이렇게 설명할 수 있다.

이렇게 설명해도 '그게 대체 무슨 소리야?'라고 생각하겠지만 이것이 특이점 없는 우주 탄생을 실현하기 위한 호킹 교수의 획기적인 아이디어였다.

다음으로는 조금 더 수학적인 설명을 시도하려 한다. 여기까지는 바라지 않았다면 대충 읽으면서 넘어가도 충분하다.

'네이피어 수'라고 부르는, 보통은 'e'라고 표시하는 수가 있다. e=2.71828…로 무한히 계속되는, 원주율 π처럼 초월수로 분류되는 수다. π보다는 덜 유명한 까닭에 우리의 일상에서는 예금 복리를 계산할 때 볼 수 있는 정도가 아닐까 싶다. 그러나 자연계에서는 'e'가 중요한 의미를 지니고 있으며 다양한 방정식에 모습을 드러낸다. 연속되는 시간을 다루는 미적분에서도 중요한 존재여서 특히 '지수 함수'라고 부르는 e^x이라는 형태의 함수는 미분이나 적분을 몇 번씩 해도 형태가 변하지 않는다는 유용한 특성을 지니고 있다.

여기에서 e^x의 x가 실수라면 e^x은 급속히 커진다. 이를 지수 함수적인 팽창이라고도 한다. 말 그대로 인플레이션이다. 한편 x가 허수라면 e^x은 진동한다. 진동은 수학적으로는 삼각 함수로 표시된다. 그렇다. 사인·코사인이다. 그리고 삼각 함수는 원을 표현하는 함수이기도 하다.

요컨대 e^x은 x가 실수라면 인플레이션을 통한 우주 팽창을 나타내는 해가 되고, x가 허수라면 원과 같은 둥긂을 나타내는 해가 된다. 이 말은 허수 부분과 실수 부분을 연결하면 끝에 주발을 뒤집어쓴 형태의 우주를 표현할 수 있다는 뜻이다. 허수냐 실수냐를 전환하는 것만으로 이런 양면성을 보인다는 것은 참으로 놀라운 일이다. 여기에 착안한 호킹 교수는 역시 천재다.

이렇게 해서 호킹 교수는 자신이 목표로 삼았던 특이점이 존재하지 않는 우주의 이론화에 성공했다. 이 우주 모델을 호킹의 '무경계 우주'라고도 부른다.

그렇다면 허수시간이라는 시간은 정말로 실존하는 것일까? 현시점에서 허수시간을 관측적으로 입증 혹은 확인할 방법은 없다. 어디까지나 수학적 수법으로서 취급되는 경우가 많은 듯하다. 시간의 시작이라는 주제는 너무나 심원해서 물리학자도 손대기를 두려워하는 경우가 많기에 좀처럼 연구가 진전되지 않는 것이 현실이다.

물론 우주의 시작이라는 주제에 몰두하는 연구자는 있다. 최근에서는 '인스탄톤'instanton 이론으로 작은 '콩'에서 우주의 탄생을 이끌어 내는 연구가 진행되고 있다. 제8장에서 브레인을 설명할 때 물질과 에너지가 국소적으로 집중되는 솔리톤 이야기를 했다. 인스탄톤 이론을 간단하게 설명하면, 콩은 시간이 국소적으로 집중되어 있는 부분을 말한다. 여기에는 호킹 교수가 생각한 허수시간도 도입되어 있다. 콩이 인플레이션 이론으로 성장할 수 있을지 없을지가 연구의 논점이다. 우주의 콩을 키워 나가는 것이 일이라니, 얼마나 장대한가?

만약 인류가 허수시간이 실재함을 관측할 수 있는 날이 온다면 호킹 교수는 구름 위에서 "내가 뭐랬어?"라는 듯이 눈을 격렬히 움직이며 흥분할 것이다.

케임브리지대학교에서의 추억

나는 2013년부터 3년 동안 영국의 국비 연구 유학생으로 케임브리지대학교에 파견되어 연구 생활을 했다. 응용수학·이론물리학과 소속으로 이론우주론센터라는 부서에 있었는데, 그곳 소장이 호킹 교수였다. 내 방은 그의 방 바로 아래에 있었기 때문에 그가 타는 휠체어 소리가 들리기도 했다.

여러분도 알다시피 그는 20대에 갑자기 근육이 서서히 움직이지 않게 되는 ALS(루게릭병)라는 난치병에 걸렸다. 영화 〈사랑에 대한 모든 것〉에는 그의 생애 특히 사랑이야기가 드라마틱하게 그려져 있다. 케임브리지의 풍경과 분위기도 느낄 수 있으니 꼭 한번 보기 바란다.

1209년에 설립된 케임브리지대학교는 영어권에서는 가장 오래된 옥스퍼드대학교에 이어 두 번째로 오래된 대학교다. 두 학교는 라이벌 사이로 봄에 열리는 보트 경주는 템스강의 명물이 되었다. 케임브리지가 현재와 같은 대학 도시가 된 배경에는 박해를 피해 영국 옥스퍼드에서 이주한 기독교도 학생들의 영향이 커서 오래된 교회와 건물이 다수 남아 있다. 이곳은 속세를 떠나 학문을 추구하기 위한 장소가 되었다.

일본 대학교에는 당연하다는 듯이 독립된 캠퍼스가 있고 그곳에 건물이 모여 있는 구조가 많지만 케임브리지는 도시 전체가 캠퍼스 같은 구조로 되어 있다. 캠퍼스 속에 극장, 레스토랑, 백화점, 공원 등이 있는 식이다. 굉장히 광대하기 때문에 대학교 관계자가 아닌 사람들도 살고 있다. 대학교 건물은 칼리지로, 도시 곳곳에 흩어져 있다. 뉴턴이 나무에서 사과가 떨어지는 모습을 보고 보편중력(만유인력)을 발견했을 때 몸담고 있었던 트리니티 칼리지나 거대한 교회가 있는 킹스 칼리지(크리스마스에 이곳에서 성가대가 합창하는 모습이

BBC에서 방송된다) 등의 명소가 있다. 세계 대학교 순위에서 1위인 하버드대학교는 케임브리지대학교의 졸업생이 세웠기 때문에 케임브리지의 전통을 이어받은 부분이 매우 많다고도 알려져 있다.

케임브리지대학교의 졸업생으로는 진화론의 찰스 다윈Charles Darwin, 청교도 혁명의 올리버 크롬웰Oliver Cromwell 등 우리에게 친숙한 인물이 굉장히 많다. 시간의 화살을 제창한 아서 에딩턴도 케임브리지대학교 졸업생이다. 노벨상 수상자는 120명으로 하버드대학교에 이어 세계 2위다.

케임브리지 거리를 걷고 있기만 해도 위대한 선인의 가르침을 받는 듯한 기분이 들기 때문에 과학자를 지망하는 사람으로서는 뭐라 말할 수 없을 만큼 행복한 장소다. 나의 대학 시절 은사인 와세다대학교의 마에다 게이이치前田恵一 교수도 출장이나 안식년을 이용해서 이곳에 와 즐겁게 연구를 했다. "다카미즈, 케임브리지는 참 좋은 곳이라네."라는 말이 어째서인지 기억에 각인되어서 나 역시 장기간 유학을 한다면 무조건 여기서 하겠다고 생각하게 되었다.

마에다 교수는 호킹 교수와도 깊은 교류를 했다. 호킹 교수가 아직 자신의 힘으로 말할 수 있었을 때 함께 대화를 나눴다고 한다. 내가 유학 생활을 했을 무렵에는 그가 눈만 움직일 수 있어서 눈으로 컴퓨터에 글자를 입력하고 기계로 목소리를 내야 했다. 그러나 병이 진행되어도 뇌는 근육이 아니기에 지적 활동은 얼마든지 가능했다.

그의 뇌는 인간이 할 수 있는 궁극의 수준까지 순수하게 생각하는 것에 특화되어 있었다.

호킹 교수는 수많은 명언을 남겼는데, 그중에서도 이런 말이 있다.

"나는 죽음을 두려워하지 않으며 죽음을 서두르지도 않습니다. 죽기 전에 하고 싶은 일이 산더미처럼 많거든요."

그의 병은 발병한 지 10년 안에 사망할 확률이 매우 높았다. 그 또한 40대까지밖에 살지 못할 가능성이 컸고, 그의 곁에는 언제나 죽음의 그림자가 따라다녔을 것이다. 이런 가혹한 상황에서도 그는 하고 싶은 일이 산더미처럼 많은, 호기심의 화신으로 계속 살아갈 수 있었다. 나는 호기심이야말로 인간이 살아가는 데 가장 큰 활력이 아닐까 생각한다. 흥미를 느끼는 것이 많으면 하고 싶은 일도 많아지고, 살아가기 위한 힘이 될 테니 말이다. 호킹 교수의 호기심은 그야말로 우주처럼 광대했다. 그의 광대한 호기심이 그를 76세라는 이례적인 장수로 이끌지 않았을까?

호킹 교수가 남긴 블랙 유머를 하나 소개한다. 우주에 지구 같은 지적 생명체가 있는 다른 별이 존재할 가능성에 관해 질문을 받았을 때, 그는 이렇게 대답했다.

"이 지구에 지적 생명체라고 부를 수 있는 것이 존재합니까?"

내가 케임브리지에서 본 그의 모습 가운데 인상적인 일이 있다. 어느 날, 우주론 업계에 충격적인 뉴스가 날아들었다. 인플레이션의 증거가 되는 중력파를 미국 팀이 최초로 관측했다는 소식이었다. 이론우주론센터에서도 쟁쟁한 교수진이 즉시 호킹 교수에게 몰려갔고, 학생들도 모여들어서 마른침을 꿀꺽 삼키며 라이브로 그 뉴스를 보고 있었다.

이윽고 폐도 움직이지 않아 펌프로 호흡하는 호킹 교수가 내는 씨익씨익 하는 소리가 증기 기관차처럼 빨라졌다. 슉슉! 게다가 그의 눈이 틀린 단어를 타이핑했을 때 컴퓨터가 내는 기계음도 삐! 삐! 날카롭게 울리기 시작했다. 이런 소리들로 주위가 상당히 시끄러웠는데, 이때 갑자기 누군가가 이렇게 말했다.

"호킹 교수님도 흥분을 억누를 수 없는 모양이군!"

그 말에 모두가 조용히 웃었던 기억이 지금도 남아 있다. 이 말을 한 사람은 호킹 교수의 수제자이자 나의 지도 교수였던 폴 셰라드 Paul Shellard 교수였다. 지금은 호킹 교수가 떠난 이론우주론센터의 소장이 되었다.

그때 호킹 교수가 흥분했던 것도 무리는 아니었다. 그 발표로 입지가 높아진 인플레이션 모델은 그가 추천한 모델이었기 때문이다. "그거 봐! 내 말이 맞지?" 틀림없이 그의 머릿속은 이런 어린아이 같은 감정으로 가득했으리라.

제1장에서도 이야기했지만 호킹 교수는 2018년 파이의 날에 세상을 떠났다. 그는 임종 직전에 논문 한 편을 완성했다. 물리학자 토

마스 헤르토흐Thomas Hertog와의 공동 연구로 제목은 다음과 같다.

"A Smooth Exit from Eternal Inflation?"(영구 인플레이션으로부터의 원활한 이탈?)

자신의 무경계 우주 모델을 수학적으로 더욱 진화시키는 시도로 '멀티버스'라고 부르는 무수한 우주가 탄생하는 시나리오와 'AdS/CFT 대응성'이라고 부르는 최신 홀로그래피 이론을 섞은 참신한 내용이었다.

"우주는 어떻게 만들어졌는가?"

그는 죽는 날까지 이 의문을 계속 품고 있었다. 그리고 자신이 제창한 이론뿐만 아니라 최신 이론까지도 탐욕스럽게 흡수해 나갔다. 그런 지칠 줄 모르는 의욕은 그저 경탄스러울 뿐이다.

신이 말해 주는 답을 듣는 수학자?

케임브리지 이야기를 한 김에 이 책의 주제에서는 벗어나지만 여러분에게 꼭 소개하고 싶은 천재 수학자 이야기를 하겠다.

바로 스리니바사 라마누잔Srinivāsa Rāmānujan(그림9-3)이다. 아인슈타인보다 8년 늦게 인도에서 태어났다. 그의 생애를 그린 〈무한대를 본 남자〉라는 영화가 있으니 이름을 아는 사람도 있을지 모르겠다(이 작품도 추천한다!).

그림9-3 스리니바사 라마누잔

그의 천재성을 내 나름대로 최대한 쉽게 표현하면 '천재 표준 점수'라는 것이 있어서 아인슈타인의 천재성이 60이라면 라마누잔의 천재성은 80이 넘을 것이다. 말 그대로 차원이 다른 수준이다. 그의 천재성을 말해 주는 구체적인 일화를 소개하겠다.

그는 수학자지만 사실 수학을 전혀 모른다. 기본적으로는 신에게 기도하면 답을 내려 주신다고 한다. 말하자면 미래로 가서 수학책에 적혀 있는 답을 베껴 오는 느낌이다. 수 자체는 좋아하지만 수학적 증명 수법은 알지 못한다. 그런 까닭에 정리 같은 것을 신이 가르쳐 줘도 그것이 옳은지 그른지 간파하지는 못한다.

그는 케임브리지대학교의 유명한 교수들에게 그의 실력을 확인받고자 신에게 들은 말을 종이에 적어서 계속 보냈다. 처음에는 아무도 상대해 주지 않았는데, 고드프리 해럴드 하디Godfrey Harold Hardy라는 교수가 그의 편지를 진지하게 읽어 보고 깜짝 놀랐다. 기존의 수학 정리와는 전혀 다른, 쉽게는 믿기 어려운 수식이 나열되어 있었던 것이다.

수학 공식에도 계통 같은 것이 있다. 가령 어떤 변수를 생각할 때 1차식, 2차식, 3차식 같이 하나가 나오면 이를 응용해 다음에 이것이 나온다는 흐름이다. 정리끼리도 그런 관계를 만들 수 있는 경우가 종종 있다. 그래프를 예로 들면, 최초의 점을 찍으면 다음에 찍을 점이 보이고 다시 그 직선 위에 또 다른 한 점이 보이는 식이다. 애초에 인간의 사고는 이런 식으로 계통을 세우면서 조금씩 앞으로 나아가도록 만들어진 게 아닐까 싶다.

그런데 라마누잔이 생각해 낸 수식은 기존 계통에서 완전히 벗어난 기상천외한 장소에 불쑥 나타난다. 게다가 어림짐작하는 게 아니라 정확한 답을 순식간에 그려냈다.

그런 수식 가운데 대표적인 하나를 소개하겠다. '라마누잔의 기적의 π 공식'이다(그림9-4). 라마누잔의 재능에 경악한 하디는 그를 대학교로 초빙했다. 열렬한 힌두교도였던 라마누잔은 케임브리지에서도 방에서 향을 피우고 일심불란하게 수식과 마주하고는 기도하기

그림9-4 라마누잔의 기적의 π 공식

원주율을 표현하기에는 너무나도 관계가 없어 보이는 수가 나열되어 있다.

$$\frac{1}{\pi} = \frac{2\sqrt{2}}{99^2} \sum_{n=0}^{\infty} \frac{(4n)!}{n!^4} \frac{26390n + 1103}{396^{4n}}$$

를 반복하는 하루하루를 보냈다. 그러다 신이 그에게 답을 말해 주면 세기의 대발견 수준이었고, 하디는 그가 내놓은 답을 수학적으로 증명하는 작업에 몰두했다. 두 사람은 이런 방법으로 수많은 수학적 도구를 완성했다. 마치 미래에서 가지고 온 것처럼.

그러나 제1차 세계대전이라는 전시 상황 속에서 영양실조로 건강을 해친 라마누잔은 요양소 생활을 해야 했다. 요양 생활을 하던 중 하디가 문병을 왔는데, 무심코 방금 타고 온 택시 번호가 '1729'였다면서 "별 특징이 없는 수였어."라고 말하자 라마누잔은 이렇게 대답했다고 한다.

"그렇지 않습니다. 굉장히 흥미로운 수인데요."

1729는 두 개의 세제곱수의 합으로 나타내는 방법이 두 가지인 가장 작은 수라는 것이다. 1729=123+13=103+93이며, 이런 형태로 쓸 수 있는 가장 작은 수가 1729임을 라마누잔은 순식간에 알아챘다.

안타깝게도 라마누잔은 32세라는 젊은 나이에 생을 마감했다. 그의 특이한 재능은 그야말로 외계인 수준이었다는 생각이 든다. 그건 그렇고 정말로 신에게 기도해서 답을 알아낼 수 있다면 나는 당장이라도 따라 하고 싶다. 아인슈타인이나 호킹 교수는 과연 어떻게 생각할지….

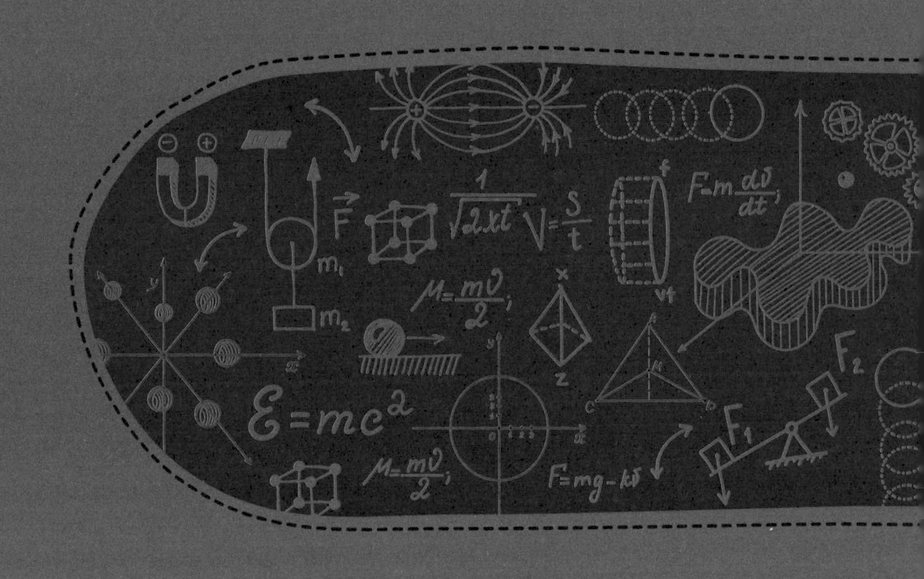

E=mc²
F=m dυ/dt;
V=S/t
M=mυ/2;
F=mg-kυ
F₁
F₂
m₁
m₂

제10장

생명의 시간, 인간의 시간

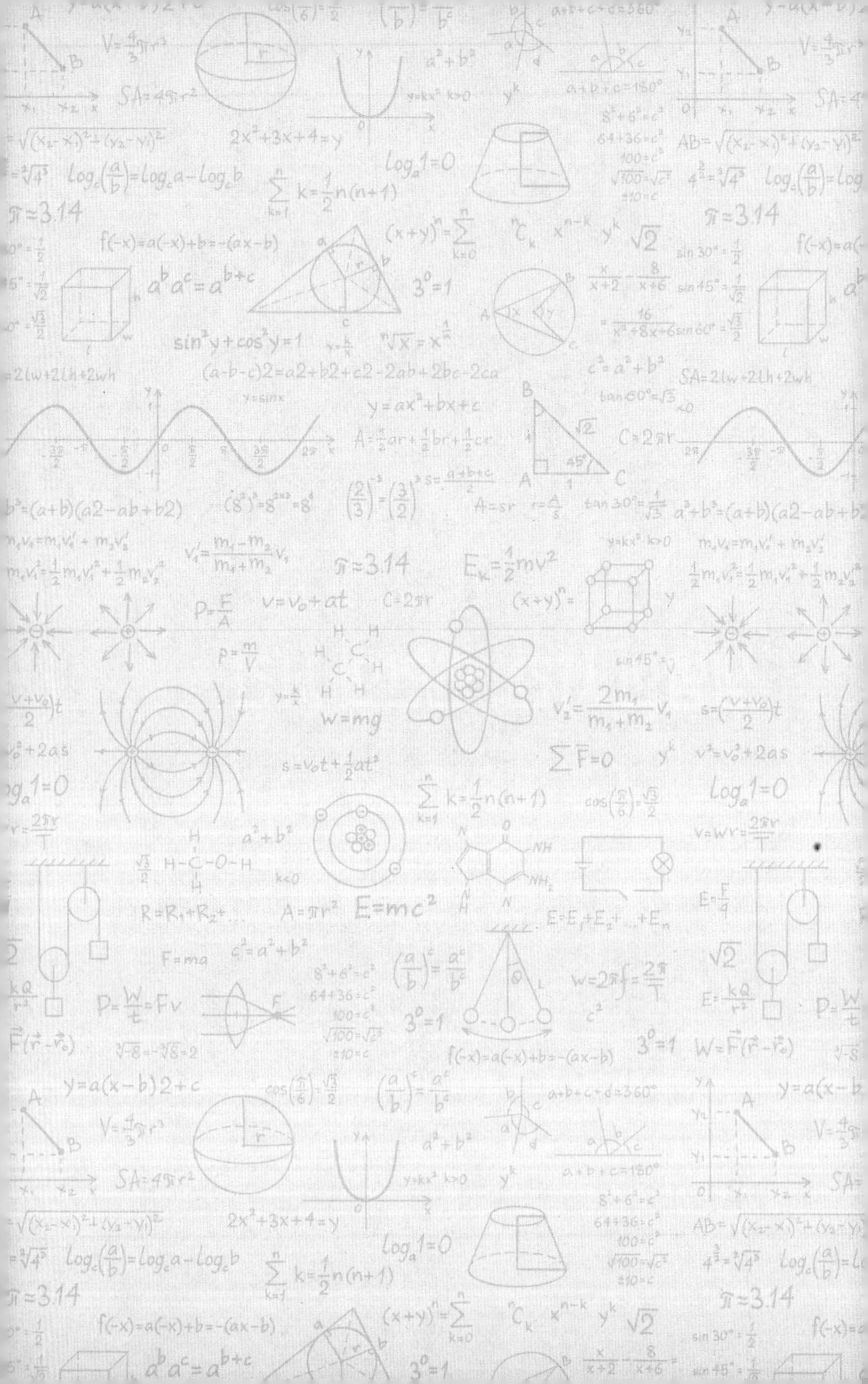

지금까지 시간의 방향, 차원 수, 크기를 단서로 최신 연구 성과에 따라 시간이 역행할 가능성을 모색했다. 되돌아보면 상당히 멀리 온 기분이 든다. 여행을 처음 시작했을 때에 비해 여러분의 생각에 어떤 변화가 있었는지 궁금하다.

지금까지는 내 본업인 물리학 관점에서 시간을 생각했다. 제1장에서 이야기했듯이 시간에는 여러 가지 카테고리가 있다. 생물학 관점에서 본 시간, 인지과학 또는 심리학 관점에서 본 시간 등이다. 사실 시간의 역행을 생각하기 위해서는 다른 관점에서도 바라볼 필요가 있다. 결국 시간을 인식하는 존재는 생물인 우리이기 때문이다. 하나같이 제대로 다루려면 책 한 권은 족히 나올 정도의 거대한 주제지만 이 장에서는 간략하게 살펴보도록 하자. 물리학의 시간에 관해서는 최종 도착점인 다음 장에서 한 번 더 정리하겠다.

별의 엔트로피는 감소하는가?

먼저 엔트로피를 조금 다른 관점에서 생각해 보자. 지금까지 이야기했듯이 시간의 화살이 정말 존재한다면 본질은 우주의 절대 법칙인 엔트로피 증가의 법칙, 즉 열역학 제2법칙의 불가역성에 있다고 생각할 수 있다. 시간을 주제로 한 책의 대부분은 이 이상 논의하지 않지만 여기에서 좀 더 파고들어 보자.

먼저 엔트로피에 관해 중요한 사실을 하나 이야기하겠다. 우주에서 만들어지는 구조 가운데 중심이 되는 것은 별(항성)이다. 별은 수소나 헬륨 등의 가스가 중력 때문에 대량으로 뭉쳐져 형성된다. 무작위로 운동하고 있던 가스가 규칙적으로 일정 영역에 갇히는 것이므로 엔트로피는 감소한다. 다시 말해 별이 생길 때마다 해당 영역에서는 엔트로피가 감소하는 것이다. 따라서 우주 전체에서도 엔트로피가 점점 감소하는 셈이 된다. 그러므로 절대 법칙으로 여겨지는 엔트로피 증가의 법칙은 잘못된 것이다…. 만약 이런 말을 듣는다면 여러분은 어떻게 생각할까? 믿어 버리지 않을까? 사실 이 생각은 엔트로피에 관한 흔한 오해 중 하나다. 그렇다면 이 생각의 어떤 부분이 틀렸을까?

답은 이렇다. 엔트로피를 생각할 때는 '고립된 계'로 파악해야 한다. 다시 말해 외부와 물질, 에너지 등을 주고받지 않는 시스템이다. 이 경우는 우주 전체가 '고립된 계'라고 할 수 있다. 별이 탄생하는 영역에서는 분명히 엔트로피가 감소한다. 그러나 그 영역은 고립된 계가 아니다. 외부의 우주 공간과 접해 다양한 물질과 에너지를 주고받기 때문이다.

구체적으로 말하면 이렇다. 갓 탄생한 별은 매우 고온인데, 안정되기 위해서는 식는 과정이 필요하다. 이를테면 금속 같은 쓰레기를 우주 공간에 버려 열을 방출한다. 그러면 그곳에서의 엔트로피는 증대된다. 즉, 별이 탄생한 영역에서 엔트로피가 감소하는 것은 일시적인 현상이다. 이후 그 영역에서 방출되는 엔트로피가 있기 때문에 합산하면 우주 전체라는 계에서는 역시 절대 법칙대로 엔트로피가 증가하는 것이다.

부디 "엔트로피 증가의 법칙은 틀렸어! 내가 영구 기관을 발명했다고!"라고 말하는 사람에게 속지 않기를 바란다.

생물의 엔트로피는 감소하는가?

왜 이런 이야기를 하느냐면 생물의 엔트로피에 대해 이야기하고 싶기 때문이다. 제2장에서도 말했지만 생물이 살아서 생명 활동을 하고 있으면 생물 속 엔트로피는 감소한다. 구체적으로는 생물이 먹이를 먹거나 호흡할 때 감소한다.

태양에서 날아오는 빛에너지의 경우, 지구에서는 먼저 식물이 광합성이라는 방법으로 이용한다. 다음에는 그 식물을 동물이 먹어 신체나 에너지를 만든다. 이런 일련의 행위를 통해 동식물은 자신의 몸에 '마이너스 엔트로피'를 섭취한다. 혹은 식물이 태양 에너지에서 변환시킨 산소를 동물이 호흡해 몸속에 집어넣는 형태로도 마이너스 엔트로피를 섭취한다.

이런 마이너스 엔트로피라는 개념은 고양이에게 미안한 사고실험을 생각해 낸 물리학자 슈뢰딩거가 《생명이란 무엇인가》라는 자신의 저서에서 처음 얘기했다. 이 책에서 그는 생명 활동이란 엔트로피가 증가하지 않도록 마이너스 엔트로피를 섭취해 유지하는 것이라고 말했다. 분명 DNA나 RNA 등의 분자가 질서 정연하게 구성되어 있는 것을 보면 생명이 '엔트로피 감소=정리된 상태'를 유지하도록 활동하고 있다는 것은 분명하다.

우리는 음식물에서 마이너스 엔트로피를 섭취하고 이를 바탕으로 에너지를 대사해 활동하며 생명의 특징 중 하나인 항상성(호메오스타시스)을 유지한다고 생각해도 무방할 듯하다. 여러분도 밥을 먹을 때 '아아, 지금 이렇게 엔트로피를 감소시키고 있구나' 하고 생각해 보기 바란다.

그렇다면 생명이라는 존재는 자신의 엔트로피를 감소시킴으로써 우주의 엔트로피를 조금이나마 감소시키고 있는 것일까? 앞에서 이야기한 별의 엔트로피를 떠올리기 바란다. 별은 자신을 식히기 위해 금속 등의 쓰레기를 방출하고 이를 통해 주위 엔트로피를 늘리기 때문에 우주 전체라는 독립된 계에서는 엔트로피가 증가한다는 이야기를 했다.

생물도 마찬가지다. 생물의 경우는 변이나 땀 같은 배설물이 질서를 어지럽히고 흐트러뜨리는 '플러스 엔트로피'를 지니고 있다. 몸속에 담아 두고 있으면 엔트로피가 증가하기 때문에 생물은 끊임없이 배설한다. 그 양은 방대하며 그만큼 생물 주위에는 엔트로피가 증가한다. 따라서 우주 전체라는 고립된 계의 측면에서 역시 엔트로피가 증가하는 것이다.

생물이 엔트로피를 섭취하고 배출하는 활동이 끝나는 것은 죽음을 맞이했을 때다. 생명 활동이 정지되어 물질과 같은 상태로 돌아갈 때 비로소 몸은 썩어서 엔트로피 증가라는 시간의 화살을 따르게 된다.

이처럼 우주 전체에서는 역시 엔트로피 증가의 법칙이 깨지지 않는다. 하지만 개체로서 바라본 생물 자체, 즉 여러분이나 나는 우주가 가진 시간의 화살과 정반대 방향의 시간의 화살을 가지고 있다. 이는 매우 흥미로운 사실이다. 산다는 것은 우주의 시간 흐름에 대항하는 행위라고도 할 수 있다.

별은 생물인가?

이번에는 조금 뜬금없는 이야기를 하나 하겠다. 여러분은 생물의 정의가 무엇인지 알고 있는가? 다시 말해 어떤 조건을 갖추고 있어야 생물이라고 할 수 있느냐는 말이다.

여기에는 여러 가지 논란도 있지만 많은 생물학자 사이에서 의견이 일치하는 부분은 다음 세 가지가 아닐까 싶다.

(1) 외부 세계와 구별된다.

(2) 대사를 한다.

(3) 자신의 복제를 만든다.

(1)은 세포막을 통해 실현된다. (2)는 광합성이나 호흡, 섭식 활동이고 (3)은 생식이나 유전이라는 형태로 나타난다. 그런데 나는 분명 생물이 아닌데도 이 정의에 부합하는 것이 있다는 생각이 든다. 바로 별이다.

(1)의 별은 명확히 외부 세계와 구별되는 구체이므로 말할 필요도 없다. (2)의 별은 스스로 핵융합을 해서 빛을 발하고 빛이 가지는 압

력(광압이라고 한다)에 별의 수축이 지나치게 진행되지 않도록 자신의 크기나 엔트로피를 유지한다는, 생물의 항상성 같은 기능을 지니고 있다. 생물에 비유하면 자기 자신을 먹고사는 셈이다. 조금 그로테스크하지만 자신의 팔이나 다리를 먹고 재생하기를 반복하는 것이다.

(3)의 경우는 어떨까? 별은 최후에 초신성 폭발이라는 죽음을 맞이하는데, 이때 대량의 에너지를 방출해 엔트로피가 어마어마하게 증가한다. 별은 죽음으로써 우주 전체에 거대한 엔트로피 증가라는 기여를 하고 산산이 찢어진다. 이 폭발을 통해 별의 내부에서 생긴 원소도 단숨에 우주 공간으로 방출된다. 이 폭풍 속에서 흩어진 원소로부터 더 무거운 원소가 탄생하고, 여기에서 새로운 별과 우리가 살고 있는 지구 같은 행성도 만들어진다. 이를 별의 복제, 즉 유전이라고 해도 무방하지 않을까?

이렇게 생각해 보면 오히려 별이 생물이 아니라고 말할 수 있는 이유를 찾기가 더 어렵다는 생각도 든다. 과연 나만 그럴까?

말이 나온 김에 조금만 더 이야기하겠다. 생물을 개체로서가 아니라 지구에 살고 있는 생물 전체라는 하나의 덩어리로 생각하면 엔트로피는 어떻게 될까? 박테리아 같은 단세포 생물로부터 시작된 생명은 장시간에 걸친 '진화'라는 프로세스를 거쳐 다양한 종으로 나뉘었다. 더 다양해지고 더 복잡해지는 방향으로 진화해 나아갔다고 할 수 있으므로 엔트로피가 증가했다고 말할 수 있다. 그렇다면 개체로서의 시간의 화살과 생물 전체로서의 시간의 화살도 방향이 정반대가 된다.

인류 문명도 수혈식주거 같은 간단한 집에서 고층 빌딩으로 건축물이 진보하고, 수십 명이 모여 사는 집락에서 근대적인 의회를 보유한 국가로 사회 집단이 고도화되는 변화를 엔트로피 관점에서 바라보고 수치화하면 어떻게 될까? 틀림없이 난세에는 엔트로피가 높고 태평성세에는 엔트로피가 낮을 것이다.

어떤 요소를 수치화해야 할지 어려워 보이기는 하지만 이런 지표가 있어도 재미있을 듯하다.

생명에 깃든 또 하나의 시간의 화살

다시 생물의 엔트로피 이야기로 돌아가자. 내가 매우 흥미 깊게 생각하는 점은 이 우주를 절대적으로 지배하고 있는 듯 보이는 시간의 화살과 생명(여기에서는 생물을 좀 더 개념적인 의미에서 생명이라고 부르겠다)이 지니고 있는 시간의 화살의 방향이 반대라는 자연의 절묘한 균형 감각이다.

생명 활동은 왜 엔트로피 증가의 법칙에 저항하는 것일까? 애초에 생명이 어떻게 태어났는지를 생각해 보면 조금 이해가 된다. 생명이란 무엇이냐는 질문에 대한 대답으로는 앞에서 언급했던 세 가지 정의 외에 '어떤 목적을 갖고(보통은 생존을 위해) 행동한다'도 있을 것이다. 자발적으로 목적에 맞는 행동을 하느냐 그렇지 않으냐는 생명인가 아닌가를 가르는 커다란 요소이기 때문이다.

약 38억 년 전, 원시적인 지구 환경에서 RNA나 DNA, 나아가 아미노산, 단백질 같은 생명의 기초 부품이 형성되었다. 일부 부품은 우주에서 만들어져 지구로 날아왔다 하더라도 생명의 기초 부품들이 제대로 결합해 생명이라는 완성품에 이르기 위해서는 지극히 낮은 확률의 프로세스를 거쳐야 했을 것이다. 가령 단백질은 아미노산이 100개 이상 염주처럼 연결된 폴리펩타이드라는 구조를 띠고 있는데, 대충 아무렇게나 아미노산을 놓았더니 우연히도 그렇게 연결되었다고 생각하는 건 무리가 있다.

생명이란 인과율이나 열역학 같은 물리 법칙을 따르기만 해서는 결코 성립할 수 없는, 최종적으로 지향하는 어떤 상태(목적)를 높은 확률로 실현시킨다는 합목적성을 지닌 무엇이 아닐까? 그리고 그런 합목적성은 생명의 부품이 되는 아미노산이나 단백질이 만들어지는 과정에서 이미 실현된 게 아닐까? 그곳에는 이미 엔트로피 증가의 법칙에 저항하는, 언뜻 봐서는 실현 불가능한 상태가 완성되어 있었고 그것이 생명이 합목적성을 지니고 있는 근본 원인이 아닐까? 우주의 절대 법칙에 저항해 어떤 상태를 높은 확률로 수없이 재현할

그림10-1 우주와는 정반대의 '시간의 화살'을 가지고 있는 우리

수 있도록 형성되었기에 생명일 수 있는 것이다.

그러니까 내가 하고 싶은 말은 생명이 엔트로피 증가의 법칙을 거스르며 국소적으로 보여 주는 엔트로피 감소는 생명이 만들어졌더니 결과적으로 그렇게 된 것이 아니라는 점이다. 생명이 형성되기 이전에 우주의 시간의 화살에 역행하는 또 다른 시간의 화살이 있어서 그 시간의 화살이 생명을 만들어 낸 다음, 그 안에 깃들어 자신의

존재를 증명하며 생명을 존속시키고 있는 게 아니냐는 것이다. 나는 그런 생각을 떨쳐낼 수가 없다. 또 다른 시간의 화살이 어떤 것인지는 짐작도 되지 않지만.

그러나 시간의 화살 속에서 또 하나의 역행하는 시간의 화살이 탄생하는 현상이라면 제5장에서 레소비크 박사가 양자 컴퓨터를 사용해서 실시한 실험으로 본 적이 있다. 그 실험에서는 엔트로피 증가의 법칙을 거스르는 맥스웰의 도깨비가 부활해 또 하나의 시간의 화살을 만들어 낸 듯 보였다.

만약 생명의 탄생도 이런 양자역학에서의 시간의 역행과 관계가 있다면 매우 흥미로운 일이다. 왜 오탄당, 인산, 염기가 손을 맞잡아 뉴클레오타이드가 되었고 왜 그것들은 나선 모양으로 늘어서서 DNA가 되었을까? 이런 명백히 엔트로피 증가의 법칙을 거스르는 형상이 만들어진 배경에 도깨비라는 존재가 있었다면? 상상이 멈추지 않는다.

만약 우주의 시간의 화살과 그에 역행해 생명에 깃드는 시간의 화살의 균형이 자연계에서 본질적인 관계라면, 우주의 시간의 화살이 어떤 이유에서 반대 방향을 향하게 되면 생명의 시간의 화살도 반대 방향을 향할 것이다. 그러면 어떤 일이 일어날까?

이 세계에서는 지구 전체에 흩어져 살고 있던 인류가 반대로 아프리카를 향해 이동할 것이다. 이 모습을 지켜보면서도 누구 한 명 역사가 거꾸로 돌아가고 있다고는 꿈에도 생각하지 않은 채 말이다. 또한 그 세계에서는 엔트로피가 국소적으로 증대해 점점 무작위 상태로 변한다. 문화 파괴를 일으키고 급기야 우리 신체마저 무너질 것이다. 그리고 완전히 텅 빈 공허한 상태를 향해 나아가지 않을까? 지구 규모의 사막화다.

나아가 지구는 걸쭉한 상태로 돌아가고, 태양과 하나가 되며, 거대한 원반 모양의 구름 같은 상태가 된다. 소용돌이 모양으로 모여 있었던 은하도 점점 작게 나뉘면서 확산된다. 최종적으로는 양자의 씨앗으로 돌아갈지도 모른다.

만약 시나리오가 이렇다면, 시간의 역행이 쉽사리 일어나면 매우 곤란할 것이다.

인식으로서의 시간

이번에는 인지과학 혹은 심리학 관점에서 본 시간 이야기를 해 보자. 누가 뭐래도 시간의 존재를 느끼는 주체는 우리 인간이다. 객관적으로 시간이 존재하느냐 존재하지 않느냐는 별개로 하고, 인간은 시간이 존재한다고 인식하고 있으므로 그곳에 시간이 존재한다고 생각해도 틀리지 않는 듯하다. 데카르트의 "나는 생각한다. 고로 나는 존재한다."를 떠올리게 하는 철학적인 말투가 되어 버리기는 하지만.

제7장에서 소개한 루프 양자중력 이론의 제창자인 로벨리 또한 물리학적인 시간은 존재하지 않는다고 말하면서도 인간이 인식하는 시간에 관해서는 다음과 같이 말했다.

"인간의 인식은 뇌에서 일어나며 항상 기억과 연동된다. 기억이란 중추 신경계에서 시냅스의 결합과 소멸이라는 물리적 과정을 통해 과거에 경험했던 사건에 관한 지각이 저장된 것이다. 뇌가 이를 바탕으로 사고하는 시스템을 갖추고 있는 이상, 인식에는 시간적 비대칭성이 필연적으로 따른다. 여기에 시간이 한 방향으로 흐른다고 착각하게 하는 원인이 있는 게 아닐까? 시간이란 사건과 사건을 뇌가 제멋대로 일련의 연속적인 흐름으로 해석하려 하는 착각에서 만들어진 게 아닐까."

그렇다면 시간의 화살이라는 것도 사실은 인간의 뇌가 만들어 낸 환상에 지나지 않는지도 모른다. 물론 모두가 뇌 구조에 따른 사고만 할 수 있기에 알아낼 방법은 없지만. 만약 지금 일어나고 있는 여러 가지 일이 사실은 미래에서 과거라는 순서로 일어나고 있다 하더라도 모두가 그 흐름이 반대라고 생각하지 않는다면 올바른 흐름이 된다. 시간의 화살의 올바른 방향을 결정하는 객관적인 기준이 있지 않기 때문에 판단할 방법이 없다.

예를 들어 아래에서 위로 올라가는 에스컬레이터를 탔는데 진행 방향을 등지고 서 있다고 상상해 보기 바란다. 바로 옆에는 위에서 아래로 내려가는 에스컬레이터가 있다. 보통은 옆 에스컬레이터에 탄 사람과 정면에서 마주 보며 스쳐 지나가지만 이렇게 타면 옆 사람은 여러분의 등 뒤에서 여러분을 추월해 아래 방향으로 점점 멀어져 가며, 여러분만 반대로 계속 위로 올라간다. 그러면 자신만 시간을 역행하고 있는 듯 느낄지도 모른다(실제로 시도하는 것은 위험하므로 어디까지나 상상만 하기 바란다). 물론 실제로는 그렇지 않으며 평소와 다르게 움직인 탓에 그렇게 느낄 뿐이다.

인간은 '평소와 다를 때', '다른 사람들과 다를 때' 시간이 거꾸로 흐르고 있다고 착각하는 정도밖에 시간의 흐름을 인식하지 못하는 것이다.

시간의 연속성도 환상일까?

NHK 채널의 〈뇌와 마음〉이라는 방송을 보고 있는데 흥미로운 증상을 가진 환자가 소개되었다.

환자는 뇌의 어떤 부분이 결손되어 현상을 연속적인 흐름으로 인식하지 못했다. 예를 들면 자동차 두 대가 가까워져서 충돌해 교통

사고가 일어난 상황을 마치 따로따로 찍은 사진처럼 서로 관계가 없는 일로 인식하는 것이다. 운동의 연속성을 인식하지 못하기 때문에 그 운동에 부속되는 시간의 연속성도 인식하지 못하는 것으로 생각된다. 그 환자는 빈 컵에 물을 따를 때도 물을 계속 따르면 물이 넘칠 거라는 걸 예상하지 못했다.

우리는 자신이 순수하게 지성만으로 사고를 한다고 생각하는 경향이 있는데, 실제로는 뇌라는 물리적 기능 없이는 사고가 성립하지 않는지도 모른다. 언제나 물리적인 몸에 의존할 수밖에 없는 것이다. 그리고 시간의 화살도 이러한 사고를 통해 만들어진 것에 불과할지도 모른다.

인간 이외의 생물이 느끼는 시간의 연속성에 관해서도 재미있는 연구가 있다. 달팽이의 눈앞에 나무 막대를 내밀었다 뺐다 해본다. 이때 1초 동안 3~4회 빈도로 내밀면 달팽이는 나무 막대가 계속 그곳에 있는 듯 보이는지 막대를 타고 올라가기 위해 움직인다고 한다. 이처럼 연속적인 변화를 인식하지 못하게 되는 변화의 빈도를 '임계 융합 빈도'라고 한다.

임계 융합 빈도는 인간의 경우 1초 동안 60회, 비둘기는 150회, 벌은 300회로 생물에 따라 상당히 차이가 나는 모양이다. 무엇인가를 보고 느끼는 연속성이란, 빈도가 한계를 넘어섰을 때 그 생물이 받는 느낌이다. 이른바 뇌의 시스템상의 한계가 일으키는 일종의 환상에 불과하다. 그렇다면 시간의 흐름과 함께 시간의 연속성 역시 뇌라는 시스템에 의존하고 있는 게 아닐까?

이 책의 편집을 담당하는 야마기시와 대화를 하다가 이런 이야기를 들었다. 일본 장기 기사인 하부 요시하루羽生善治 9단은 대국 중에 실수를 해도 그 사실을 깔끔하게 잊고 눈앞에 있는 대국을 다시 새롭게 파악하는 사고 활동이 가능하다고 한다. 대부분의 기사들은 실수를 저질렀다는 후회가 머릿속에 남아 있어 대국에 집중하지 못하고 판단을 그르치기 마련인데, 하부 9단은 현재의 국면을 과거와 분리해 완전히 불연속적인 것으로 파악해 보통 사람은 생각지도 못하는 자유로운 발상의 수를 둔다. 연속성이라는 환상에 끌려다니지 않는다는 의미에서 하부 9단은 그야말로 뇌의 기능을 초월한 사고의 소유자라고 할 수 있다.

물리의 세계에서도 루프 양자중력 이론에서는 시간이 불연속적이었다. 물론 그것과 지금 말하고 있는 연속성의 이야기가 직접 이어지지는 않는다. 하지만 로벨리가 말했듯이 시간이 실제로 불연속적이고 그런 까닭에 시간이 정말로 환상이라면 물리학과 인지과학 사이에는 의외의 흥미로운 연결성이 있는 셈이다.

미래의 기억에 사로잡힌 사람들

당연한 말이지만 우리의 뇌에는 미래에 관한 기억은 없다. 과거의 기억만 보전되어 있다. 미래를 머릿속에 그릴 때 우리는 과거에 일어나거나 겪은 기억을 참조하고 현재를 인식하면서 전두엽을 이용해 상상을 한다.

만약 미래의 기억이라고도 할 수 있는 정보가 사실은 뇌 어딘가에 잠들어 있으며 그곳에 접속하지 못해서 미래를 모르는 것이라면 어떨까? 일종의 예지몽처럼 앞으로 일어날 사건의 결말이 이미 우리의 뇌에 경험을 마친 기억으로 각인되어 있으나 우리 인류는 이를 이끌어 낼 능력을 잃었다면? 또다시 엉뚱한 생각을 해 보지만 상상은 자유이므로 신빙성은 신경 쓰지 말고 지금부터 하는 이야기를 즐겨 주길 바란다.

과거에 호모 사피엔스와 함께 공존했던 네안데르탈인이라는 인류가 있었다. 현재는 인류가 우리 호모 사피엔스뿐이지만 과거에는 다양한 종류의 인류가 존재했다. 그중에서도 네안데르탈인의 뇌는 과거의 인류 가운데 가장 컸다고 알려져 있다. 우리의 뇌가 가장 큰 것이 아니었다.

다만 뇌의 크기가 반드시 지능지수와 관련이 있지는 않다. 호모 사피엔스의 특징은 이마, 즉 전두엽이 발달되어 있었다.

전두엽은 인간 특유의 사고나 창조를 관장하는 장소다. 전두엽이 발달한 호모 사피엔스가 궁리를 거듭해 도구를 더욱 복잡하게 만든 데 비해, 네안데르탈인은 기존 도구를 정확히 흉내 내서 만들었던 듯하다. 이런 차이로 한쪽은 2만 수천 년 전에 절멸하고 다른 한쪽은 지구의 지배자가 되는 명암을 가른 원인이었는지 모른다. 적어도 네안데르탈인의 사고법이나 기억 방식이 우리와 크게 달랐던 것은 분명해 보인다.

우리보다 뇌가 컸던 네안데르탈인은 어떤 능력이 뛰어났을까? 여기에 아까 한 상상을 대입해 보자. 그들은 뇌가 큰 만큼 기억 용량이 우리보다 컸을 것이다. 그곳에 미래의 기억도 보존되어 있지는 않았을까? 물론 이런 엉뚱한 생각을 할 수 있는 것도 발달한 전두엽의 선물이다(웃음).

그들은 절멸이라는 사태를 이미 미래에서 경험했는지도 모른다. 이 우주가 만약 순환 우주라면 똑같은 역사를 반복하고 있을 수 있다. 그들의 거대한 뇌 어딘가에 수없이 반복된 기억이 숨어 있었다면, 그리고 그 때문에 회피할 수 없는 미래를 받아들이고 소극적인 방식으로 살았다면…. 나는 이런 상상을 하곤 한다.

네안데르탈인과 대조적으로 호모 사피엔스는 미래를 두려워하지 않았다. 최근 연구에서는 선조들이 생명의 위험을 무릅쓰고 작은 배로 거친 바다를 건너 서식 영역을 넓힌 덕분에 우리가 살아남아 번

영할 수 있었다는 주장도 제기되고 있다. 미래 기억에 사로잡혀 있었다면 절대 할 수 없는 도전이다.

이 장에서는 생명과 인식, 시간의 관계에 관해 살펴봤다. 나도 모르는 사이에 상당히 자유롭게 펜을 놀리고 말았다. 딱딱한 물리 이야기가 이어진 뒤의 청량제라고 생각해 주면 좋겠다. 다음 장은 드디어 이 여행의 종착점이다.

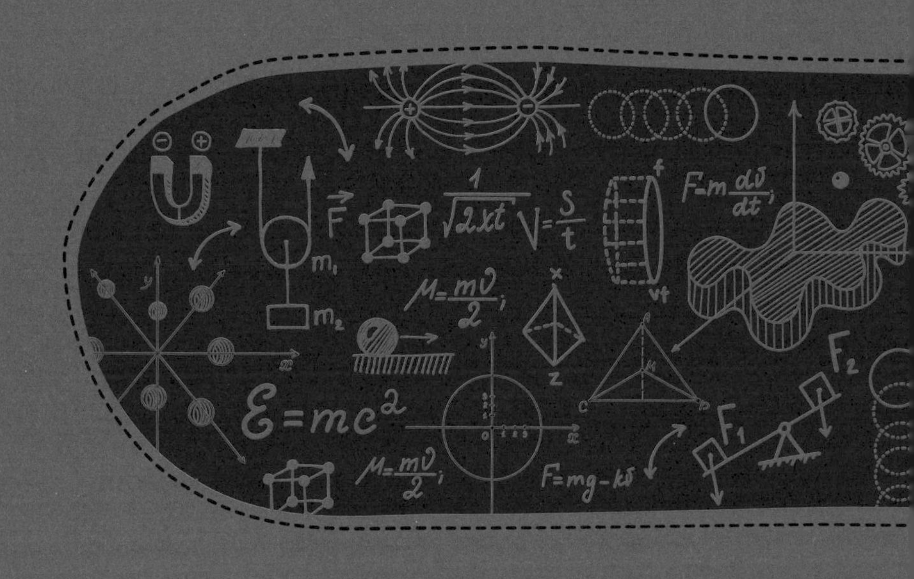

$\vec{F}$
m_1
m_2
$\frac{1}{\sqrt{2xt}}$
$V=\frac{S}{t}$
$F=m\frac{dv}{dt}$
$M=\frac{mv}{2}$
$\mathcal{E}=mc^2$
$F=mg-kv$
F_1
F_2

제11장

누가 우주를 봤는가

"이렇게 시간이 거꾸로 흐른다는 말을 듣는다면 웃기지도 않은 헛소리라든가 SF 소설이나 영靈적인 이야기라는 생각이 들 것이다."

프롤로그에서 나는 이렇게 말했다. 읽은 여러분 또한 아마도 자연스럽게 같은 생각을 했을 것이다. 그러면 여기까지 여행한 지금은 어떤 생각이 드는가? 만약 '뭐, 이제 와서 보니 그 정도는 아닌 것 같은데?'라고 생각했다면 나는 공중제비를 돌며 "야호!"라고 크게 환호성을 지를 것이다. 이 책을 읽고서 시간에 관한 생각이 조금이나마 달라졌다는 의미이므로 나에게 그보다 기쁜 일은 없다.

시간이 역행할 가능성에 관해 엔트로피를 동원해 적당히 그럴싸한 말을 늘어놓거나 인식론을 이용해 은근슬쩍 논점을 이탈하지 않고 물리라는 정공법으로 여기까지 추적해 왔다고 자부한다. 여러분도 잘 따라와 줬다. 마지막으로 아직 언급하지 않은 시간에 관한 화제를 소개하면서 여러분이 누군가에게 이렇게 말할 수 있도록 지금까지 살펴봤던 것들을 정리하고자 한다.

"그거 알아? 시간이 역행할 가능성도 있대!"

두 가지 시나리오

지금까지의 여정을 되돌아보면서 시간의 역행이 정말로 일어난다고 가정했을 때 두 가지 시나리오를 생각할 수 있을 듯하다.

(1) 미시세계의 양자에서 일어나는 시간의 역행

(2) 거시세계에서 일어나는 시간의 역행

(1)에서는 양자 컴퓨터를 이용한 실험에서 엔트로피의 감소가 관측되어 "맥스웰의 도깨비가 부활했다!"라는 이야기가 나왔던 사례를 살펴봤다. 만약 양자세계에서 이런 시간의 역행이 일어난다면 근본적인 이유는 시간과 에너지 중 어느 한쪽이 확정되면 다른 한쪽이 확정되지 않는 기묘한 불확정성 관계에 있다고 생각할 수 있다.

소립자를 개별적으로 보면 시간이 거꾸로 흐르고 있는 것도 있다. 그러나 많은 소립자가 모여서 거시적인 계가 되면 개별적인 시간 역행의 효과는 통계적으로 무시되며, 결과적으로 시간은 한 방향으로만 흐르게 된다. 시간의 역행에 관해서는 이런 양면성 있는 묘사가 가장 적합하지 않나 싶다. 그리고 미시세계에서는 실제로 이런 형태의 시간 역행이 일어나고 있다고 생각한다. 자연계에서 시간의 화살만이 한 방향으로만 나아간다는 것은 너무나 부자연스러운 일이라 도저히 생각하기 어렵기 때문이다.

또한 제7장에서 로벨리의 '시간은 존재하지 않는다'라는 생각을 소개했듯이, 앞으로 양자중력 이론 연구가 진행되면 시간의 개념 자체가 미시세계부터 재검토될 가능성이 있다.

이런 연구들의 진전이 정말로 기대된다. 나는 언젠가 소립자와 중력을 통일해서 다룰 방법이 발견되리라 믿는다. 틀림없이 시간에 관한 지금까지의 개념이 근본부터 뒤엎어지는 상황에 직면할 것이다.

그러면 (2)의 거시세계에서 일어나는 시간의 역행은 어떤 시나리오가 될까? 지면에서 떠올라 하늘을 향해 올라가는 사과는 절대 관측되지 않듯이 어떤 하나의 거시적인 물체만이 시간을 반대 방향으로 나아가는 일은 있을 수 없다고 생각된다. 만약 거시세계에서 시간이 역행할 가능성이 있다면 '모든 거시적 물체가 거꾸로 흐르는 시간 속을 살고 있지만 아무도 그 사실을 인식하지 못한다'처럼 SF 영화 같은 상황일 것이다.

우리가 미지의 것이라고 생각하는 미래를 이미 경험했으며 현재로부터 그 방향으로 향하는 건 이미 경험을 마친 세계로 돌아가고 있는 것이라는, 제8장에서 살펴본 순환 우주에서의 '우주의 축소' 같은 상황이다. 우리가 그렇게 느끼지 못하는 이유는 제10장에서 살펴봤듯이 우리의 뇌가 과거를 기반으로만 사물을 인식하기 때문이다.

실제로 우주가 수축하고 있는지에 관해서는 현시점에서의 관측 결과를 봤을 때 부정적이라는 이야기를 했다. 나는 우주가 시작된 뒤로 줄곧 팽창만 하고 있다는 주장이 시간의 화살이 한 방향으로만 나아가는 것과 같이 부자연스럽게 느껴진다. 왜 이 우주는 미시적으로 고온의 상태에서 팽창하며 시작되었을까? 거시적으로 저온 상태에서 수축하며 시작하는 우주였어도 좋았을 텐데 말이다. 여기에는 중력이 인력뿐인 것이나 반대로 진공 에너지와 암흑에너지 같은 척력밖에 없는 에너지가 있는 것도 관계가 있을 듯하다.

두 가지 시나리오에 관한 총론은 일단 여기까지만 하고 넘어가겠다.

파인만 도형이 암시하는 시간의 역행

이제 지금까지 소개하지 못했던 시간에 관한 화제를 미시세계와 거시세계로 나눠서 얘기하겠다. 먼저 미시세계부터 살펴보자.

미국의 물리학자 리처드 파인만은 정말 매력적인 인물이다. 노벨 물리학상을 받았고 매우 독창적인 내용의 수준 높은 과학 계몽서인

〈파인만의 물리학 강의〉 시리즈를 집필했다. 그 책에서 파인만은 이런 말을 했다.

"물리의 원리를 진정으로 이해했다면 어린아이도 이해할 수 있도록 쉽게 설명할 수 있을 것이다."

이 말은 정말 쉽게 할 수 있는 말이 아닌데, 파인만은 자신이 한 말을 지킬 줄 아는 사람이었다. 그는 소립자의 상호 작용을 나타내는 파인만 도형(그림11-1)을 고안했다. 규칙만 알면 어린아이라도 도형을 이리저리 만지면서 소립자의 힘을 이해할 수 있을 정도로 간단명료한 다이어그램이다. 소립자의 현상을 전부 이런 낙서 같은 기호로 설명할 수 있다니, 역시 파인만이라는 생각이 든다. 만약 파인만이 살아 있었다면 난해한 루프 양자중력 이론도 간단한 그림으로 깔끔하게 설명해 줬을지 모른다.

파인만 도형에서는 입자와 함께 전하(플러스와 마이너스)가 반대인 반입자가 존재한다고 가정했다. 전자로 치면 전하가 반대가 된 양전자에 해당된다. 그리고 반입자는 시간을 마이너스 방향으로 나아간다. 그렇다면 전자가 시간을 플러스 방향으로 나아가는 행동은 양전자가 시간을 마이너스 방향으로 나아가는 행동이라고 볼 수도 있다. 요컨대 파인만 도형에서는 시간의 역행이 일어날 수 있다.

다만 후자의 경우는 에너지도 마이너스가 된다. 그러면 시스템이 불안정해지기 때문에 파인만 도형에서는 실현 가능해도 실제로

그림11-1 파인만 도형

직선은 전자 같은 에너지 입자의 움직임, 물결선은 광자 같은 힘 입자의 움직임을 나타낸다. 이 그림은 전자 혹은 양전자가 광자와 반응해 진로를 바꿨음을 나타낸다.

(1) 플러스의 에너지 입자가 시간을 플러스 방향으로 이동

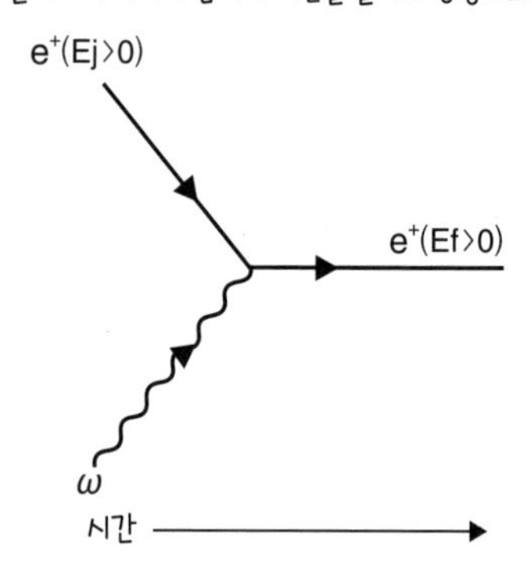

(2) 마이너스의 에너지 입자가 시간을 마이너스 방향으로 이동

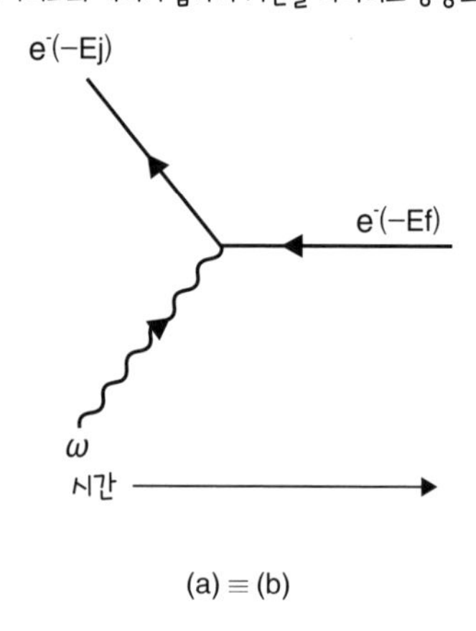

는 불안정해서 사라져 버릴 수 있다. 여기에서 강조하고 싶은 점은 이런 소립자의 상호 작용을 나타내는 파인만 도형에서도 시간을 마이너스 방향으로 나아가는 입자가 종종 나타난다는 사실이다. 양자 세계에서는 에너지와 시간에 불확정성 관계가 있다는 이야기를 앞에서도 여러 번 했다. 지금 이야기했듯이 마이너스 에너지의 입자가 시간을 역행하는 것도 이 관계에 기인한다고 말할 수 있다. 통상적인 분자는 에너지가 플러스이므로 시간도 플러스 방향으로 나아간다. 그러나 소립자 세계에서는 마이너스 에너지를 가진 기묘한 입자도 존재하며, 이 기묘한 입자는 시간을 마이너스 방향으로 나아간다.

파인만 도형이 보여 주는 이 사실에 반론을 제기하는 것은 도형이 너무나도 단순한 만큼 상당히 어렵지 않을까 하는 생각이 든다.

타키온은 시간을 역행하는가?

미시세계에서의 시간 역행 문제로 '타키온'tachyon이라고 부르는 입자에 관해 생각해 보자. 타키온은 〈스타트랙〉이나 〈우주전함 야마토〉 같은 SF 작품에서 종종 등장했기 때문에 듣는 순간 "아 그거!"라며 반가워하는 사람도 있을 것이다.

타키온은 광속을 상대성 이론에 위배되지 않게 능가할 수 있다고 여겨지는 가상의 특수 입자다. 합법적으로 퉁퉁이를 추월할 수 있는 것이다. 그러고 보면 〈도라에몽〉에도 뒤집어쓰면 시간이 역행하는 '타임 보자기'라는 도구가 나왔는데, 내부에서 타키온 에너지가 나온다는 설정이었다.

다시 본론으로 돌아가자. 제3장에서 초고속으로 달릴 수 있는 정의의 슈퍼히어로 플래시를 등장시켜 그가 달리면 그의 주위에서는 시간이 얼마나 느려지는지를 계산할 수 있는 방정식을 소개했다.

$$\Delta T = \Delta t \sqrt{1-(v/c)^2}$$

이 식은 질량에 주목한 다음과 같은 식으로 고쳐 쓸 수 있다. m은 정지한 물체의 질량, M은 초고속으로 이동하는 물체의 질량이다. 말하자면 플래시가 초고속으로 달렸을 때의 체중 변화를 나타내는 식이다.

$$M = m / \sqrt{1-(v/c)^2}$$

플래시가 속도 v를 점점 높여서 광속 c에 가까워지면 $(v/c)^2$은 점점 1에 가까워진다. 그러면 루트 속은 0에 가까워지면서 M은 점점 커진다. 플래시의 몸무게가 점점 증가하는 것이다. 최종적으로 v가

c와 같아지면 루트 안은 0이 되며 몸무게는 무한대가 된다. 통상적인 입자는 아무리 가속을 해도 중량이 무거워지기 때문에 광속에 도달할 수 없음을 의미한다.

그러면 지나치게 뚱뚱해진 플래시는 일단 내버려 두고 m과 M을 '초광속'의 타키온이 달리기 전후의 질량으로 놓자. 타키온의 속도 v는 아무리 감속하더라도 광속 c를 넘으니 $(v/c)^2$은 1보다 커진다. 따라서 루트 안은 마이너스가 된다. 음수의 제곱근은 허수다. 즉, 초광속으로 달리는 타키온의 질량 M은 허수가 되어 버린다.

빛보다 느리게는 달리지 못하고 질량은 허수라니. 역시 이런 입자는 존재할 수 없지 않을까? 이런 생각에서 현재 타키온은 통상적인 입자(타키온과 구별해 '타디온'이라고 부르기도 한다)와는 완전히 다른 가상의 입자로 생각되고 있다.

그렇다면 타키온은 시간을 역행할 수 있을까? 초광속으로 이동할 수 있다면 인과율을 깨고 과거로 거슬러 올라갈 수 있으므로 타임머신이 가능해질 것 같다. 잘만 하면 과거의 자신에게 "로또 당첨 번호는 ○, ○, ○, ○, ○, ○야!" 같은 메시지를 보내 큰돈을 벌 수 있지 않을까? 안타깝지만 그러기는 어려울 듯하다.

질량 변화를 나타내는 방정식의 m이나 M을 본래의 t나 T로 바꿔서 시간 변화를 나타내는 방정식으로 되돌린다. 그러면 타키온이 초광속으로 달릴 때 시간도 허수가 됨을 알 수 있다. 제9장에서 이야기한 우주가 시작될 때 흐르고 있었다고 호킹 교수가 생각한 허수시간의 세계다.

시간을 역행하려면 어디까지나 현실 세계인 실수시간을 마이너스의 시간 방향으로 나아가야 한다. 허수시간과 마이너스의 시간은 언뜻 비슷해 보이지만 허수시간은 실수시간이 아니다. 역행해야 할 시간과는 애초에 다른 시간이다. SF 작품에서는 타키온이라는 이름이 왠지 멋져 보여서 자주 사용되었는지 모르지만 인기가 조금 지나치게 앞서 나가긴 했다.

그렇다면 타키온은 실제로 존재할까? 초광속 입자가 정말 있다면 타임머신은 무리더라도 꿈은 키울 수 있지 않을까? 물리학계에서도 때때로 "타키온의 발견인가?"라는 소문이 흘러나와 떠들썩할 때가 있다. 그러나 양자역학이 발전한 '양자장론'이라는 이론에서는 타키온이 존재할 가능성에 대해 상당히 부정적이다.

제8장에서 소개한 브레인 이론에는 타키온이 존재하는 것이 아니냐고 말하는 조금 재미있는 연구가 있다. 이 이론에서는 브레인이, 말하자면 고차원 공간의 기초 입자 같은 것이기 때문에 우리가 살고 있는 3차원 공간과 1차원 시간의 브레인뿐만 아니라 다양한 브레인이 존재한다. 초끈 이론에서는 공간이 9차원까지 허용되기에 3에서 9까지 무려 일곱 종류나 있는데, 초기 우주에는 그만큼 다종다양한 브레인이 무수히 존재했던 것으로 생각된다.

그렇다면 한 가지 의문이 솟아난다. 그렇게 어수선한 상태였는데 어떻게 현재 우리가 사는 3+1차원이 중심이 되었을까? 듣고 보면 이상하다는 생각도 든다. 바로 여기에서 타키온이 등장한다. 9차원 공간에 북적대는 다양한 차원의 브레인이 접촉하거나 충돌해서 다른 두 차원이 교차하면 브레인 위에 있는 '타키온장'이라는 것이 타키온 응축이라는 현상을 일으키면서 두 브레인이 함께 소멸되는 경우가 있다고 한다. 허수시간에 있는 타키온이 지닌 불안정성이 브레인의 소멸에 중요한 역할을 담당한다는 것이다. 타키온 응축을 통해 브레인이 도태된 결과, 우리가 사는 공간 3차원의 브레인이 남았을 가능성이 있다고 한다. 여러분에게는 뜬구름 잡는 소리처럼 느껴지겠지만.

최종적으로는 공간 7차원과 공간 3차원의 브레인만 남을 것이라고 말하는 연구자도 있다. 왜 그렇게 되는지 의문이 끊이지 않는데, 만약 브레인의 진화론 같은 게 밝혀진다면 재미있을 것 같다. 그때는 타키온도 커다란 존재감을 발휘할 것이다.

그리고 만약 허수시간을 이동하는 타키온을 관측하거나 조작할 수 있다면 원리적으로는 인과율을 깨고 초광속 통신으로 메시지를 주고받을 가능성도 없지는 않을 듯하다. 큰돈을 벌 수도 있을지 모른다. 다만 조금 이야기가 복잡하니 알고 싶은 사람은 '초광속 통신'으로 검색해 보기 바란다.

마지막으로 다시 미국의 슈퍼히어로 이야기를 하겠다. 〈왓치맨〉이라는 영화에서 악과 싸우는 '닥터 맨해튼'은 타키온을 사용해 과거로 돌아가거나 시간을 조작하거나 순간 이동을 할 수 있는 능력이 있다. 마치 신처럼 무엇이든 할 수 있는 놀라운 능력의 소유자이지만 외모는 온몸이 새파랗고 팬티 한 장만 걸친 조금 불쌍한 모습이며 얼굴도 항상 무표정하다. 그를 보고 있으면 과거로 돌아갈 수 있더라도 딱히 좋은 일은 없는 것 같다는 상상을 하게 된다.

응축 우주의 또 다른 시나리오

다음으로 거시적인 스케일에서의 시간 역행에 관한 화제를 살펴보자.

시간의 역행은 우주의 응축을 통해서도 일어날 가능성이 있다. 그렇다면 우주가 응축하는 시나리오는 순환 우주밖에 없을까? 사실 또 있다. 이 우주의 형태가 구형이어서 내부에 있는 물질의 중력에 우주가 잡아당겨져 팽창에서 수축으로 전환한다는 시나리오다. 구형 우주는 수축을 계속하며, 이윽고 한 점으로 응축되어 찌부러지는 운명을 맞이한다. 이런 우주의 말로를 '빅 크런치'(대함몰)라고 한다.

기억력이 좋은 독자는 제6장에서 우주의 형태를 결정하는 곡률 이야기가 나왔을 때 관측에 따르면 이 우주는 구형이나 말안장 형태가 아니라 어디까지나 평탄한 듯하다고 내가 말한 것을 기억할 것이다. 나는 분명히 그렇게 말했다. 다만 그때는 자세히 설명하지 않았는데, 이 이야기는 그렇게 간단하지 않다.

'우주에 끝(가장자리)이 있느냐 없느냐'라는 단순하지만 심오한 문제가 있다. 일반적으로 생각하는 '우주의 끝'은 우주에서 최초로 나온 빛이 그리는 선으로 '우주 지평선'이라고 불린다. 우주에서 가장 빠른 것은 빛이므로 우주가 시작되었을 때 나온 빛이 닿는 한계인 지평선이 우주의 크기를 최대한으로 잡았을 때의 경계선, 즉 우주의 끝이라는 게 우주 물리학자들의 생각이다. 이 생각 자체는 타당하다.

그러나 우주 지평선의 바깥쪽에는 아무것도 없을까? 그렇지 않다. 빛이 닿지 않으므로 우리에게는 보이지 않을 뿐, 그 바깥쪽에도 공간은 무한히 펴져 있을 것으로 생각된다. 우주 지평선이 나타내는 것은 우주의 임시 크기에 불과하다는 말이다.

이와 마찬가지로 곡률을 통해서 본 우주의 형태 또한 어디까지나 우주 지평선 안으로 한정된 이야기다. 관측할 수 있는 범위에서는 매우 평탄해 보인다. 그 바깥쪽에 어떤 우주가 있는지도 알 수 없고, 사실은 어떤 우주를 생각하든 전부 가능하다. 이를테면 우리의 우주 정도 크기의 평탄한 우주를 많이 모아서 마치 축구공처럼 이어 붙인 거대한 우주를 생각하는 것 또한 허용된다. 이런 우주라면 우주 전체의 형태는 구형이지만 관측적으로는(우주 지평선의 크기에서는) 평탄한 우주가 되므로 수축하는 시나리오를 생각할 수도 있다.

다만 한 연구에 따르면 이렇게 단순히 수축하기만 하는 빅 크런치(대함몰) 우주에서는 엔트로피 관계상 시간이 플러스 방향으로만 흐르며 반대로는 흐르지 않는다고도 한다. 한편 순환 우주라면 수축과 팽창 사이에 브레인의 충돌이라는 미지의 물리 현상을 경유하기 때문에 충돌 전후에 시간의 화살이 역전되는 일이 일어나더라도 이상하지 않다. 그러나 이쪽은 제8장에서 이야기했듯이 우주 배경 복사를 측정한 결과, 우주 수축의 증거가 나오지 않았다는 부정적인 데이터도 있다.

우주가 수축하는 과정으로서는 이런 것들을 생각할 수 있지만 당연하게도 각각 극복해야 할 문제가 있으며 아직 발전하는 과정일 뿐이다.

블랙홀이 만들어 내는 시간의 역행

거시적인 스케일에서 시간의 역행이 일어날 가능성으로서 완전히 별개 시나리오도 생각되고 있다. 조금 황당무계하지만 매우 재미있는 시나리오다.

지금까지 다양한 우주의 형태를 생각해 봤는데 정설대로 빅뱅 우주라고 가정한다면 마지막은 어떻게 될까? 현재의 우주를 지배하고 있는 암흑에너지의 영향으로 팽창이 더욱 가속되어 은하와 은하는 점점 멀어지고, 마지막에는 빅립이라고 부르는 원자의 층위까지 찢어지는 파국을 맞이할 것으로 알려져 있다. 그러나 빅립의 이야기는 제9장에서 이미 했고 지금 소개할 것은 블랙홀이 관여하는 다른 시나리오다.

우주가 파국으로 치닫더라도 블랙홀은 영원히 우주에 남는다. 그리고 때때로 주위 가스나 다른 블랙홀과 합체해 초거대 블랙홀이 되어서 마치 왕처럼 은하의 중심에 떡하니 자리할 것이다.

그런데 32세의 젊은 천재 호킹은 이 블랙홀이 증발해서 사라진다는 충격적인 최후를 예상했다. 그는 이 생각을 대학교에서 박사 과정을 밟던 시절에 이미 하고 있었다고 한다. 17세에 옥스퍼드대학교에 입학해 24세에 박사가 된 그는 그 사이에 블랙홀을 양자적으로 생각한다는 착상과 난치병 ALS를 얻었던 것이다.

블랙홀을 양자적으로 생각하면 바깥쪽과의 경계선(사건의 지평선 event horizon이라고 한다)에서는 입자와 반입자가 끊임없이 달라붙어서 소멸하는 '쌍생성'을 반복하게 된다. 때로는 사건의 지평선에 서로가 분단되어 한쪽만 블랙홀에 남고 다른 한쪽은 멀리 날아가 버리는 일도 일어나는데, 호킹 교수는 이때 입자든 반입자든 멀리 날아가는 것은 반드시 플러스 에너지를 가지고 있는 쪽이며 마이너스 에너지를 가진 쪽은 블랙홀에 남는다는 걸 알아챘다. 그렇게 되면 블랙홀은 불안정해지고 마침내 증발해 버린다! 이것이 블랙홀의 상식을 뒤

그림11-2 호킹 복사

플러스 에너지를 가진 것은 외부로 날아가고
마이너스 에너지를 가진 것은 블랙홀에 남는다.

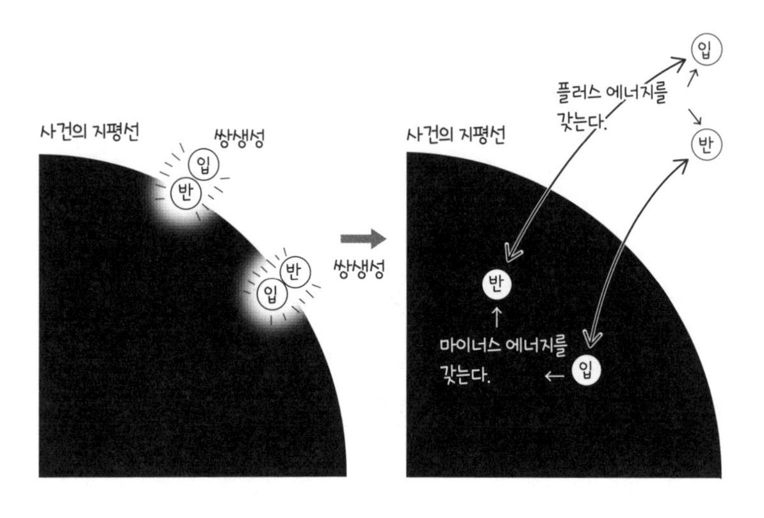

얻었던 대발견 '호킹 복사'다(그림11-2). 블랙홀의 증발이 어쩌면 시간의 역행과 관계가 있을지도 모른다.

블랙홀이 생성되면 그곳에서는 10^{20}이나 되는 엄청난 크기의 엔트로피가 만들어진다. 앞으로 우주에서 중력의 영향으로 다양한 은하가 서로 접근해 합체하면 나중에는 거대 블랙홀투성이가 될지도 모른다. 이런 진화는 우주의 엔트로피 증가에 상당히 크게 기여할 것으로 생각된다. 그러나 아무리 융성을 자랑하던 블랙홀에도 언젠가는 최후의 순간이 찾아온다. 호킹 복사에 따른 증발이다. 제7장에서 살짝 언급했듯이 블랙홀의 엔트로피는 표면적 크기에 비례하기 때문에 블랙홀이 증발해서 표면적이 사라지면 방대한 엔트로피가 어딘가로 사라져 버린다. 블랙홀이 거대해질수록 우주 전체의 엔트로피에도 적지 않은 영향을 끼칠 것이다.

그렇다면 블랙홀의 증발 현상이 우주가 빅립을 향해 나아가는 가운데 가속되어서 우주가 끝날 무렵에 일제히 일어난다면 어떻게 될까? 수천억 년 뒤에 우주가 끝날 때 무수히 많은 거대 블랙홀이 일제히 증발하기 시작하는 엄청난 광경이다. 그때 그전까지 블랙홀 표면에 축적되어 있었던 엔트로피는 전부 사라진다. 어쩌면 열역학 법칙조차 뒤엎는 대전환점이 될지도 모른다. 이를 계기로 우주의 엔트로피가 감소세로 향하고, 우주는 새로운 법칙을 따르는 다음 단계로 이행한다면…. 물론 시간의 화살도 갑자기 방향을 바꿔 버릴 것이다. 그때 우주는 파국을 면하고 별개의 세계로 향하게 될까?

이 시나리오는 상상력을 크게 자극하지만 아직 가설에 불과한 단계이기에 지금은 여기까지만 하고 넘어가도록 하겠다.

우주 최대의 수수께끼 '인류 원리'

지금까지 시간에 관해 생각하면서 필연적으로 다양한 우주 모델의 형태를 살펴봤다. 만약 내가 그중 어느 하나를 선택할 수 있다면 순환 우주를 고를지도 모른다. 같은 역사가 수십 번이나 반복되고 있다는 묘사가 내게는 가장 타당하게 생각되고 비교적 수긍하기 쉬운 우주라는 생각이 든다. 제4장에서도 언급했던 우주 최대급의 수수께끼가 있기 때문이다.

갓 탄생한 우주에 있었던 아주 작은 규모의 얼룩이 은하나 별 등의 구조를 만드는 씨앗이 되려면 누군가가 요동을 관측해 고정시켜야 하는데, 대체 누가 관측을 한 것이냐는 수수께끼다. 나는 순환 우주가 이 엄청난 난제에 그나마 수긍이 가는 설명을 할 수 있는 모델이 아닐까 생각한다.

우주의 구조가 생긴 원인을 관측한 이를 지적 생명(일단은 인류로 여겨지고 있다)에서 찾는 발상을 '인류 원리'라고 한다. 미리 말하고 넘어가자면 과연 과학이라고 말할 수 있는지 헷갈리는 이야기지만 물리학자들 사이에서는 아주 진지하게 논의되고 있다. 따지고 보면 양자역학이 너무나도 황당하기 때문이다.

이 우주의 구조가 지적 생명의 관측을 통해서 만들어졌다면 이 우주는 지적 생명이 존재할 수 있는 곳이어야 한다. 즉, 이 우주는 지적 생명을 만들어 내기 위한 조건이 갖춰지도록 조정되고 있다는 것이 인류 원리라는 아이디어의 근본이다. 매우 정교하게 조정되기 때문에 '미세 조정 문제'라고 부르기도 한다.

우주에는 다양한 자연 상수가 있다. 얼마만큼의 양과 얼마만큼의 비율이 어째서인지 모르겠지만 수치로 정해져 있다는 식의 숫자다. 예를 들어 현재의 우주 가속 팽창을 일으키고 있는 우주항도 '우주 상수'라고 불리는 상수다. 이에 관해서는 제9장에서 우주항의 정체로도 생각되는 진공 에너지의 값보다 우주항이 120자리나 작은 '우주항 문제'가 있다는 이야기를 했다. 우주 상수는 그만큼 미묘하게 조정되고 있다.

그렇기에 우주의 가속 팽창 시간은 너무 길지도 너무 짧지도 않은, 우주의 구조가 안정되어 별과 행성이 만들어지고 생명이 탄생하기에 딱 적당한 100억 년 정도가 걸렸다. 생명도 딱 적당한 타이밍에 태어나서 그로부터 40억 년 정도의 기간 동안 지적인 존재가 되기 위해 뇌를 진화시켜 우주를 관측할 수 있었다…. 인류 원리에서는 이렇게 생각한다.

자연 상수에는 우주 상수 이외에 '미세 구조 상수'도 있다. 자연계의 온갖 것을 결정하는 골격과 같으며 이런 형태다.

$$\alpha = 2\pi e^2/(hc)$$

여기에서 광속도 c, 플랑크 상수 h, 단위전하량 e도 자연 상수다. 이들 자연 상수의 조합으로 성립되는 미세 구조 상수 α는 간단히 말하면 전기나 자기와 관련된 힘의 세기를 나타낸다. 이 값이 조금이라도 바뀌면 이 세계를 구성하는 산소나 탄소 같은 원자는 그 순간 붕괴되어 형태를 유지하지 못하게 된다. 그리고 이 상수도 인간이 존재할 수 있도록 미묘하게 조정되고 있는 것이다.

그러나 역시 커다란 의문이 솟아난다. 우주가 인간이 태어날 수 있도록 조정되고 있다면 처음에 우주의 양자 요동을 관측하는 것도 인간이어야 앞뒤가 맞을 텐데, 인간이 우주에 태어난 시기는 우주가 생긴 지 130억 년 이상 지나서이기 때문이다.

"그것을 관측하는 것은 미래의 그대 자신이니라."

이런 거창한 라틴어가 적힌 비석이 우주 공간을 떠다니는 SF 영화의 오프닝이라면 몰라도 실제로 무슨 일이 일어났는지를 생각하는 과학의 처지에서 보면 참으로 이해하기 어려운 문제다.

수수께끼를 푸는 열쇠는 시간의 역행에 있다?

이 의문에 어느 정도는 대답해 줄 것 같은 우주 모델이 순환 우주다. 역사가 계속 반복되는 우주에서는 현재 우주에서 과거와 미래가 이전까지의 사이클에서 이미 관련되어 있다고 생각할 수 있다. 예를 들어 첫 번째 우주의 자연 상수는 무작위였더라도 그 우주에서 지적 생명체가 태어나면 조건이 우주 어딘가에 기억되었다가 두 번째 우주에 계승되는 것이 아닐까? 그렇게 생각하면 인간이 태어나기 전부터 인간에게 딱 적당한 우주가 준비되어 있었던 것도 필연으로 생각된다(이 경우도 최초의 우주 관측자는 누구냐는 의문은 남는다).

사실 나는 '거품 우주'라는 모델을 생각하고 있다. 우주에는 우리가 관측할 수 있는 '우주 지평선 크기'의 우주가 무수히 존재하고 있으며(이를 거품이라고 부른다), 무수한 거품 하나하나가 다양한 자연 상수를 가지고 있는 모델이다. 상수에 따라서는 팽창이 너무 빨라 아무것도 만들지 못하는 우주도 있고 잘 안정되어 구조를 만드는 데 성공한 우주도 있는, 이른바 거품의 진화 같은 것이 일어난다고 가정한다. 인간에게 딱 알맞은 우주가 생기는 것도 무한히 많은 거품 중 하나가 우연히 그렇게 되었다고 생각하면 수긍할 수 있다.

거품 우주 모델은 내가 케임브리지대학교에 있을 때 꼭 구체화하고 싶다는 생각에서 연구했던 주제다. 언젠가 우리 우주와 다른 자연 상수를 가진 거품 우주가 발견되면 정말로 흥분될 것이다.

그러나 순환 우주는 인류 원리의 수수께끼에 대해 어느 정도의 답을 주는 우주 모델인 동시에 현시점의 거시적 규모에서 시간 역행을 실현할 가능성이 가장 크게 느껴지는 모델이기도 하다. 우주 최대급의 수수께끼를 푸는 열쇠가 시간의 역행에 있는지도 모른다. 여러분도 순환 우주 연구가 앞으로 어떻게 진전될지 주목하기를 바란다.

그건 그렇고 인류 원리는 참으로 이해하기 어렵다. 아니, 인류 원리를 이끌어 낸 양자역학과 나아가 자연 자체가 이해하기 어렵다고 말하는 편이 정확할지도 모른다. 한편으로는 언뜻 수상쩍은 비과학 같은 발상으로 생각되기 쉬운 인류 원리가 사실은 깊은 진리를 담고 있을지 모른다는 생각도 든다. 실제로 이 우주를 관측할 수 있는 존재는 아직 우리밖에 없다. 이 사실이 지니는 의미는 역시 크다고 생각한다. 우리는 왜 이 우주에 태어난 것일까? 단순한 우연으로 치부할 수 있을까?

나는 호킹 교수가 남긴 이 말을 정말 좋아한다.

"우주에 사랑하는 사람이 없다면 그건 대단한 우주가 아니다."

우리는 자연을 사랑하기 위해 태어났고, 자연은 우리에게 사랑받기 위해 존재한다고 생각하면 왠지 기분이 좋아진다.

여기까지 오느라 모두 수고했다. 시간의 역행을 추적하는 여행은 이것으로 끝이다. 마지막에는 과학과 비과학의 아슬아슬한 경계까지 이야기했는데 시간이라는 것이 물리학에, 우주에 궁극의 심원한 주제이기 때문이다. 이 여행의 의도는 시간을 되돌릴 수 있느냐 없느냐를 가리기보다 시간에 관한 다양한 사고를 즐기면서 우주의 신비함을 생각해 보는 것이었다.

우주는 여전히 수수께끼로 가득하다. 과학자가 아니더라도 우주에 관해 이것저것 상상해 보는 것은 지적 생명체에게 허락된 특권이다. 여러분도 이 여행을 계기로 부디 '생각하는 우주 여행'의 단골손

님이 되었으면 한다. 이미 알고 있듯이 우주에 관해서라면 아무리 기상천외한 생각을 하더라도 자유다. 우주는 여러분이 생각해 주기를 지금 이 순간에도 고대하고 있다.

에필로그

지금까지 이 책을 읽어 주신 독자 여러분에게 감사 인사를 전한다. 물리학에 처음 발을 내디딘 독자들을 위해 전문 용어를 가급적 사용하지 않고 최대한 쉽게 시간의 역행을 이해할 수 있도록 집필했다. 이왕 책을 쓰는 김에 물리의 흥미로운 이야기를 이것저것 집어넣으려고 욕심을 냈더니 상대성 이론, 양자역학, 엔트로피, 루프 양자중력 이론, 순환 우주, 허수시간 우주까지 상당히 화려한 라인업을 갖추게 되었다. 이 책만큼 다양한 주제를 한 권에 담은 책은 드물 것이라 자부한다. 그러나 설명이 부족한 부분도 있을 듯하다. 책을 읽다 자세하게 알고 싶어지는 부분이 있다면 부디 다음 단계 책을 찾아서 도전해 보기 바란다.

담당 편집자인 야마기시 고지는 우연히도 내 모교인 도쿄 도립니

시고등학교의 20년 선배다. 원고 집필 단계에서 물리학이 낯선 사람들은 어떤 부분이 어렵고 잘 이해하지 못하는지를 조언해 주신 덕분에 지금까지 내가 깨닫지 못했던 부분을 알 수 있었다.

마침 이 책을 집필하면서 모교에서 강연할 기회가 있었다. 젊은 후배들이 참신한 질문을 해줘서 많은 자극을 받았다. 정확히 20년 전 나도 그들과 같은 고등학생이었고, 그로부터 20년 전에는 야마기시가 고등학생이었다. 그래서 이 책을 집필하는 동안 미팅 → 강연 → 미팅이라는 흐름에서 과거와 미래를 오가는 듯한 신기한 느낌이 들었다. 책에서 살펴봤듯이 어느 쪽이 과거이고 어느 쪽이 미래인지 분명하지 않다. 원고를 쓰면서 나도 언젠가 이 책을 읽어 줄 미래의 여러분에게 무엇인가가 전해지기를 기원했다.

이 세계가 여러분에게 과거인지 미래인지 알 수 없다. 시간의 화살이 어느 쪽을 향하더라도 우주를 보고 싶고 알고 싶다고 생각하는 인간의 '지知의 화살' 방향은 변하지 않을 것이다. 지금 여러분이 살고 있는 세계가 어떻게 되든, 이 책에서 읽었던 내용을 떠올리며 엉뚱한 생각을 하는 시간을 갖기 바란다. 언제 어디에 있더라도 우주를 향한 모험은 얼마든지 할 수 있다. 수수께끼에 도전하려는 여러분이 부디 우주의 수수께끼를 해명해 줬으면 한다.

마지막으로 항상 든든한 힘이 되어 주는 아내와 사랑하는 두 아들에게 감사를 전하며 펜을 놓는다.

• 찾아보기 •

ㅇ

ㅍ

ㅎ

A~Z